ものづくりの数学のすすめ

——技術革新をリードする現代数学活用法

まえがき

本書は企業や研究所などに勤務する技術者で「数学が必要かもしれない」と考えている人に向けたものです。書名にあるようにものづくり、つまり製造業に関わる人、特に、理学部数学科での数学の教育を受けていない人を想定して書いたものです。

レオナルド・ダ・ビンチも述べていますが、技術の言葉は数学です。異分野の技術を利用する製造業の現場では、数学を利用できるようになると自由度が大きく変わります。数学という言葉を技術者が自由に扱えるようになると色々な事が一挙に判ります。純粋数学者が「これは役に立たないだろうなぁ」と思う事が実はとても有用だったりします。

現場の技術はとても面白いのです。私は二十六年間企業に務める中で、それを感じていました。二〇〇〇年以降、日本のものづくりは勢いを落としたように感じますが、まだまだ素晴らしい力を持っています。いろいろ企業の現場に素晴らしい技術者がいます。彼らは必ずしも評価されているとは限りません。年代も様々、男性もいれば、女性もいます。「ああ、凄いなぁ」と思える技術者が日夜、技術を磨いています。彼らがその技術を数学として表現できるようになれば、よりブラッシュアップでき、更に技術を共有できるようになると私は思っています。

本書を読むことによって、一人でも多くの方に数学の可能性を理解してもらえることを願っています。

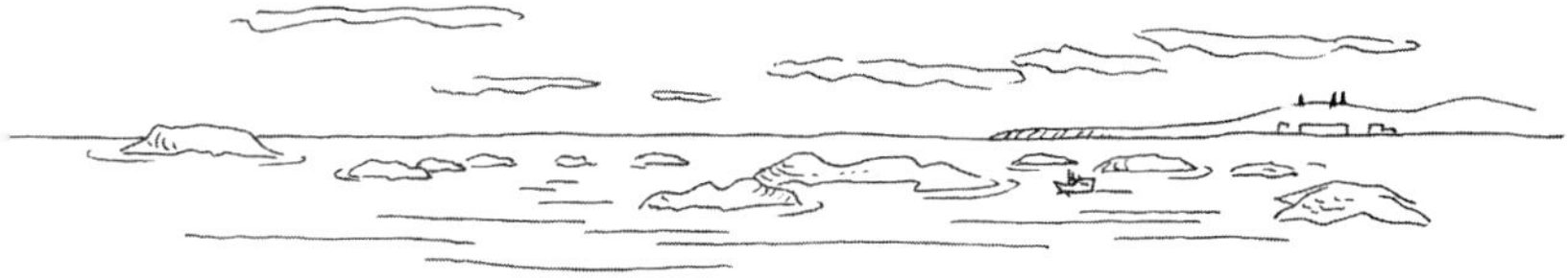

目次

まえがき

第Ⅰ部　ものづくりの数学とは（産業構造改革における数学の役割）……1

第1章　ものづくりの数学とは……3

ものづくりの数学とは新しい学問形態である……3

ものづくりの数学はターゲット指向である……5

ものづくりの数学は低迷する日本の製造業を活性化する新しいアプローチである……6

第2章　なぜ今ものづくりの数学なのか……8

日本人の特性とものづくりの特性……8

製造業を取り巻く時代の変化……12

日本のものづくりを覆う3つの危機……14

危機1「技術のコモディティ化」……15

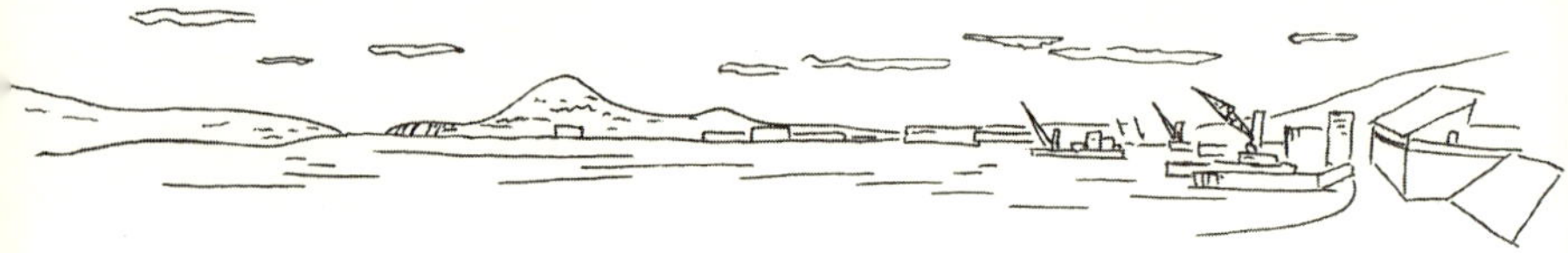

危機２「技術のシステム化」…… 18
危機３「製品ライフタイムの短縮」…… 20
日本のビジネスモデルの崩壊…… 24
他国の戦略…… 26
世界を変えるルールブレーカーの躍進…… 33
日本の製造業の復活とものづくりの数学…… 43
現代数学の特徴…… 57
言葉としての現代数学…… 74
３つの危機とものづくりの数学…… 80
数学モデルとは…… 88

第Ⅱ部　現場でのものづくりの数学活用方法（実践編）…… 97

第３章　ものづくりの数学　現場サイドから眺めてみると！…… 101
ものづくりの数学は教科書の中にはない…… 102
現場は面白さの宝庫…… 103

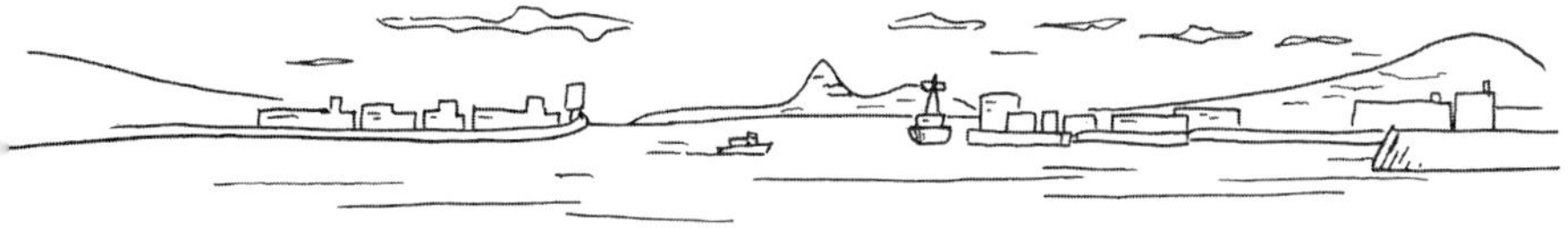

論文にするより面白いテクノミックス …… 104
異分野研究こそが非アカデミックの醍醐味 …… 107
純粋科学と技術の関係は単純ではない …… 116
現代数学を利用しない手はない …… 121
コラム1　パラダイムを超えて …… 123
第4章　現場の課題解決に数学を活用するための六ヶ条 …… 126
第一条　黙し、傾聴せよ …… 127
第二条　黙し、俯瞰せよ …… 136
第三条　置き石を踏むようなロードマップを用意せよ …… 141
第四条　problem builder を目指せ …… 150
第五条　結果を共有せよ …… 152
第六条　計算機シミュレーションを使いこなせ …… 155
第5章　数学モデル構築のための七ヶ条 …… 162
第一条　フェルミ推定を利用せよ …… 163

第二条　グラフ化せよ……164

第三条　避けられない事実から目を背けるな……166

第四条　特徴量の単位に着目せよ……169

第五条　最も自然な言葉を探すべし……172

第六条　オイラー、ガウスに倣え……175

第七条　線形項、リーディング項を掴め……183

コラム2　市井の数学……187

第Ⅲ部　ものづくりの数学技術者への道（勉強方法編）……191

第6章　理論技術者が理論技術者であり続けるための六ヶ条……195

第一条　仕事は7割で終わらせよ……195

第二条　時間はないと思え……199

第三条　ロードマップを持て……202

第四条　3種類の本を読め！……208

第五条　流行より基礎的・本質的なことを固めよ……213
第六条　公式は忘れよ……217
コラム３　クロック・アップ作戦……219
コラム４　眠りながら研究する術……222
コラム５　孤独を恐れず、学問的なコウモリとなる……224

第７章　異分野の研究を理解するための七ヶ条……228
第一条　初心者本を利用せよ……229
第二条　本は後ろから読め……230
第三条　言葉のシャワーを浴びよ……231
第四条　まずは慣習に従え……233
第五条　フォークロアを克服せよ……236
第六条　big problem には近づくな……238
第七条　easy-going を忘れるな……240

第８章　現代数学を独学するための六ヶ条……244
第一条　受け入れることから始めよ……249

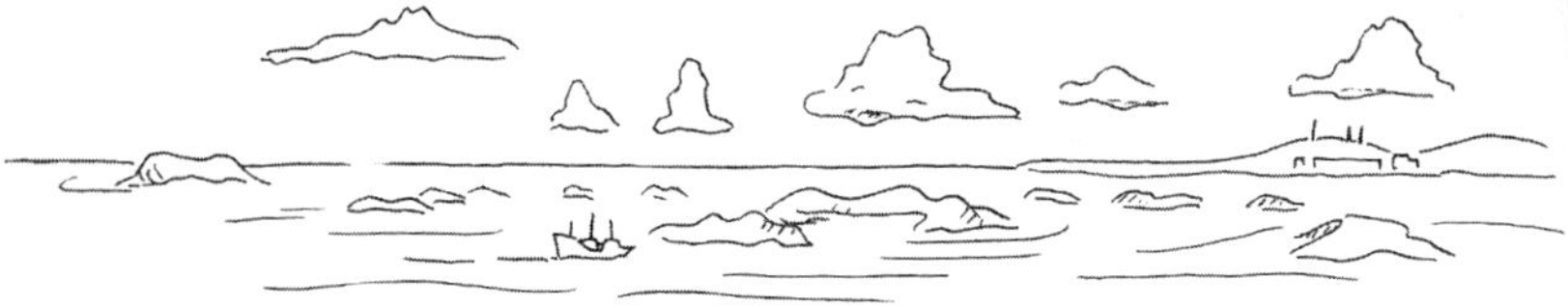

第二条　基礎の勉強は2冊の本で行え……252
第三条　よい例を探せ……254
第四条　代数的に物事を理解せよ……261
第五条　論文は数式から眺めよ……264
第六条　数学を習慣化せよ……266
コラム6　素人科学者のすすめ……271

第Ⅳ部　付録……277

第9章　付録……279
言葉としての現代数学　フッサールから……279
異なる技術分野を橋渡しする言葉としての数学……281
吉川の設計論……292
高度な数学モデル構築の具体的な例1、2……298
参考図書……303

第I部 ものづくりの数学とは

（産業構造改革における数学の役割）

第1章　ものづくりの数学とは
第2章　なぜ今ものづくりの数学なのか

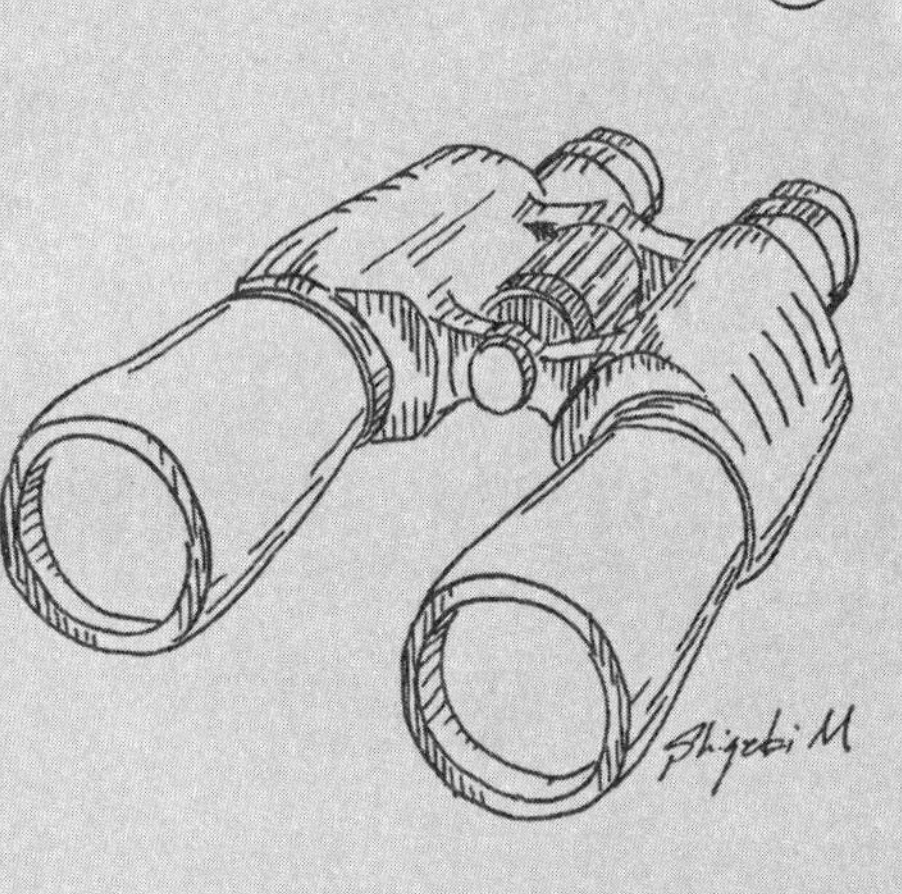

第1章　ものづくりの数学とは

ものづくりの数学とは新しい学問形態である

米国には産業及び応用数学会（ＳＩＡＭ：Society for Industrial and Applied Mathematics）という一九五一年設立の有名な学会があり、「産業数学」という言葉も既に存在しています。

日本では「産業及び応用」という訳語の語呂の悪さもあって、「応用数学」と省略されています。ＳＩＡＭの日本版は私も属している日本応用数理学会（ＪＳＩＡＭ：The Japan Society for Industrial and Applied Mathematics）という名称の団体です。

「産業数理」という言葉が日本に根付かなかったのはなぜか？　私は「産業数理」には「産業に役立つ（功利的な）学問」という言葉のイメージがあり、学問に対して崇高さを好む日本人に違和感を与えたためではないかと思います。

今では「応用数学」と言えば、分野が特定されています。つまり、コミュニティが既に存在しているわけです。また、「産業数理」というコミュニティを作ろうという動きも現在あります。しかし私がこの本で語ろうと思っているのは、こういった特定された学問についてではありません。コミュニティや分野を限定しない数学について、本書においては論じてみたいと思っています。それは主に企業の技術者が関わる数学です。そこで、「産業、特に製造業が関わる広い意味での数学」のことを、「ものづくりの数学」と呼ぶことにします。

このあと何度も登場しますが、科学論研究者のクーンによれば、科学の各学問分野は、専門家集団が定まることで、そこでのパラダイム（専門家の間の無言の慣習や常識）が定まり、パラダイムによって学問分野が確定するという仕組みで定まります。本書でいう「ものづくりの数学」はコミュニティや分野を限定しませんので、当然パラダイムも定まっていません。

ですので、クーンの言葉に沿うならば、（逆説的ですが）ものづくりの数学という学問分野は「存在しえない」ということになります。ものづくりの数学は学問の分野を持たない、これまでにない新しい発想による学問形態だと言えます。

ものづくりの数学はターゲット指向である

技術の考え方にはシーズ指向とターゲット指向がある、と言われています。基本的に数学はシーズ指向です。つまり、まずは使うべき道具を学んでから、道具の変更をしたり別の道具と融合させたりします。道具ありきで、その後それを利用する対象について考えます。

他方、応用分野の幾つかはターゲット指向です。これは、「やりたい事」がまず存在し、次にそれを解決するために必要な道具を選び知識を利用するという順序です。

ものづくりの数学はターゲット指向的ですので、技術分野としては「なんでもあり」のような様相を呈することとなります。

一九七〇年代に流行ったカンフー映画のヒーロー、ブルース・リーの名前はご存じかと思います。彼は格闘家でした。格闘技を「スタイルのないスタイル」として捉えることを提唱していました。大ヒットした「燃えよ、ドラゴン」は「スタイルのないスタイル」を世に広めるために作った映画です[20]。

格闘家として戦いに勝つためには空手とか、柔道とか、合気道とかそういうルールや型はいらない。二本の手と二本の足で如何に戦うかということだけだというのがブルース・リーの述べる「スタイルのないスタイル」でした。つまりスタイルに拘らないという「メタファーな意味でのスタイル」を持つことこそが、格闘技において最も重要であるというのです。

ものづくりの数学が目指すのは「技術的な課題を解決すること」です。ブルース・リーの言葉を借りればルールや型に拘る必要はありませんし、場合によっては「数学」というスタイルに拘る必要さえもないのです。

●ものづくりの数学は低迷する日本の製造業を活性化する新しいアプローチである

さて、ここで今日の技術者が直面している現実に目を向けてみましょう。計算機技術、通信技術が二〇〇〇年以降、爆発的に発展したことにより、産業構造が大きく変貌しています。すべてのモノがインターネットに繋がる、モノのインターネット（ＩＯＴ…Internet of things）の時代となろうとしています。技術は著しく高度化し、サイバー化が進んでいます。

こういった状況下でさらなる技術革新を進めるには、往来の技術と、所謂「現代数学」の融合が大きな鍵となると私は考えています。「現代数学」とは何だろう、と思われるかもしれませんが、平たく言えばそれは大学の理学部数学科で学ぶレベルの数学のことです。そもそも、数学とは言葉です。技術を数学という言葉で表現することで、現象を予測できるようになり、その予測に対応して設計、制御が行われます。

かつては大学の工学部で学ぶ範囲の数学を会得していれば技術革新が可能でした。しかし、技術が高度化しサイバー化の進んだ現代では、幾つかの先端技術において、それだけでは力不足となる状況が生じています。技術と現代数学の融合は、世界中の技術者が直面している課題です。欧米では、産学間の垣根や大学の分野間の垣根が低いという土壌がもともとあったため、技術と現代数学の融合はスムーズに進められているようです。それに対して日本では、そのような融合がうまく機能していないのが現状です。そのため産業の現場では、さまざまな危機的状況が生じています。

私は、現在日本で、現代数学と技術の両方を熟知した技術者が足りないと感じています。第2章ではそのため現在日本で生じてしまった危機的状況について記したいと思います。

第2章　なぜ今ものづくりの数学なのか

日本人の特性とものづくりの特性

日本には、特に明治の開国以降、〝ものづくり〟を海外にアピールしてきた歴史があります。日本のものづくりの強みは、精緻化と高品質というキーワードで語ることができます。明治維新前夜の一八六七年に江戸幕府と薩摩藩・佐賀藩はパリ万博に出展、参加しました。その五年前のロンドン万博においては駐日英国公使オールコックによって、日本の技術力を示すために六五〇点ほどの磁器や工芸品が展示され、その精巧さや緻密さにより好評を博しました。オールコックが「マンチェスターやバーギンガム、あるいはロンドン、パリの製造業者たちは、このコレクションの中に、彼らの製造所では到底生産不可能な、あるいは現実的に市場には出せない費用でしか製造できないような製品が多々あることに気づくことであろう」と記したように、そららは大きな驚きと共に英国人らに受け入れられました[59]。それを受け、江戸幕府と薩摩藩・佐賀藩はパリ万博で有田焼や工芸品などを展示しました。「根付」の精巧さとそのデザインは西洋美術界に大きな影響を与えました。そしてこれらがジャポニズムとして、ロンドン、パリでブームとなったのです。パリ万博には渋沢栄一や五代友厚なども参加し、明治維新後の産業の方向性を決めるきっかけともなりました[74]。

当時の西欧列強国の出品に目を向けてみると、一八六七年パリ万博ではシーメンス（Siemens）社やヨルト社が電動機、発電機を出品していました[74]。それは、電気による産業革命＝第二次産業革命が正に始まろうとした時代でした。日本はそういった電力（パワー）を前面に打ち出す西欧各国に対抗して、それとは異なる独自の方向性を示しました。

明治維新後、不平等条約の解消を目指し、更に国力を誇示するためにもより精巧な工芸品を欧米に提示するようになり、深川製磁の有田焼などは一九〇〇年のパリ万博で最高金賞を受けるなどしました。より精緻に、より精巧に向かったのです。

ドラッカーは著書の中で「日本の得意芸は印籠に象徴される精密性がある」と述べましたし[36]、日本人論研究者である小笠原（明治大）も、箱庭や幕の内弁当に象徴

ピーター・ドラッカー（1909 - 2005）

される「緻密さ」が日本製品の特徴であると述べています[8]。

日本人の精密性が、近年の工業分野で具現化された実例としては、ウォークマン、ノートパソコン、カメラ、初期携帯電話、AV（テレビ、オーディオ）、半導体メモリ、半導体製造装置、すり合わせ技術などが挙げられます。

日本の特性

ものづくりに際して日本人が得意とするものは「精緻性と高度な品質」と「モノへの拘り」です[6]。日本人は不確実性を嫌うために、遅延のない鉄道が構築され、高品質で均一な商品が開発されました。この事は海外と比較するとよく判ります。

オペレーションズ・リサーチ（OR）という学問があります。これは、英国が第二次世界大戦の各戦闘の戦略や戦術の立案方法として開発し取り入れたオペレーショナル・リサーチが米国へと引き継がれたもので、戦後民間の経営戦略に利用されました。その考え方のメインはトップダウンです。企業にはORによる解析を行う専門家部隊があり、種々の企業課題に対してORにより解析を行い、最適化された手法を現場に提示し、現場がそれに従います。

一方、日本においては、モノづくりの一環として現場で「改善活動」を実施しました。現場の知恵で手法を改善しモノづくりを支える活動で、その考え方はボトムアップです[15]。現場の社員全員がこの活動に参加することが、職場を活き活きとしたものに変え、それが高度成長期の一助となりました。

不確実性を回避したがる日本人は、不良品を極度に嫌い、絶対的な安全や完全に均質な品質を求めます。その傾向が日本製品の品質向上を後押しし、一九六〇年代からの経済成長にも寄与しました。身近な例としては、街の弁当屋がご飯の量を数g単位でよそう細かさや、加工食品への異物混入が（たとえ安全上の問題が無くとも）連日報道される、といったことが挙げられます[6]。遅延のない鉄道も乗客がそれを強く望み、鉄道会社の社員のほとんどがそれを是とする考えがあって初めて構築できるものです。「遅延のなさ」がセールスポイントとなり、ひとたび遅れるとなると過剰なほどの謝罪放送が流れたりします。「安全のための遅延なら仕方ない」というような常識が必ずしも共通認識ではないことに対する自衛策です。

田口玄一（1924 - 2012）

品質に関しては田口玄一が海外でタグチ法と知

られる「品質工学」という現場に即した手法を開発し、成功を収めました。それは統計学を基にして、高次元の製品のパラメーター空間と品質との対応を取る事により、高品質の製品を効率よく開発する方法です。これは、日本人のお家芸でもある、複数の現象やデバイスをすり合わせてより良い製品を開発・生産する「すり合わせ技術」を支えました。民族という視点から考察すれば、日本人は元来多神教（やおろずの神）を受け入れてきた民族であり、生真面目さ、緻密さという特徴をあわせ持っており、すり合わせ技術と相性がよいのです。それまでトレードオフと言われていた品質とコストダウンは、このような気質と努力、改善によって、両立させることが可能となりました[6]。現在でも勢いのある日本製品は、すり合わせ技術を基礎にしたものが多いように思われます。

製造業を取り巻く時代の変化

しかし、時代は大きく変化をしています。図2・1は世界最速計算機の性能の一九六〇年代からの推移です。所謂、スーパーコンピューターです。縦軸は一秒間に浮動小数点の演算が何回計算できるかを示したものです。ムーアの法則に従って四年で一桁程度のペースで年々性能を伸ばすことで各国の国家戦略の下で国をあげてスーパーコンピューターは作られてきました。

　二〇一六年の最新のスマートフォンの性能を考えると、それは一九九〇年代のスーパーコンピューターとほぼ同じスペックであることが判ります。少々荒っぽい言い方になりますが、あなたのポケットには一昔前の国家戦略によって作られたスーパーコンピューターが入っているのです。

　このことに象徴される半導体デバイスの高性能化に支えられ、通信機器、測定装置の性能が劇的に向上し、世界が大きく変化しています。時代は、様々なものがインターネットで繋がる「モノのインターネット（ＩＯＴ(Internet of things))」の時代に移り変わろうとしています。ＩＯＴにより様々なデータを集積、蓄積することができるようになっています。種々のメンテナンスサービスの一部が現場に行く必要がなくなり、ある集中した場所で管理できるようになっ

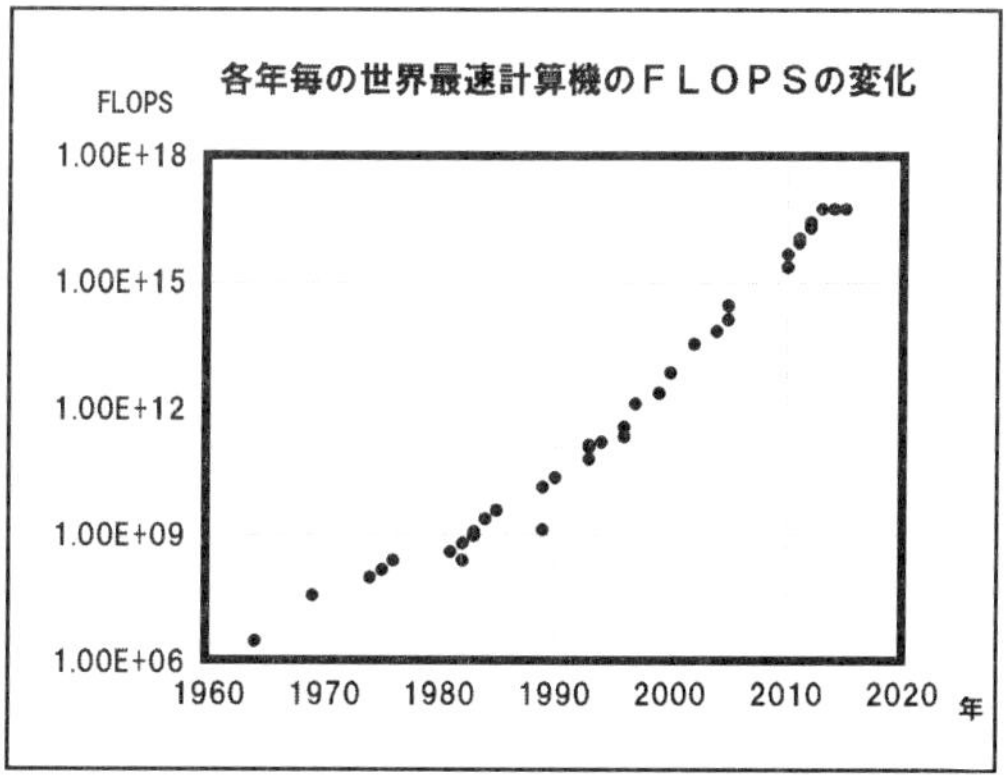

図２・１：世界最速計算機の性能の 1970 年代からの推移

てきているのも、また、そのデータを基に新たなサービスを開発できるようになっているのも、モノがネットワークに繋がるようになったお陰です。

時代は大きく変化してきています。

日本のものづくりを覆う3つの危機

このような時代の大きな変化により日本の製造業は危機に直面しています。日本の直面する危機とは、二一世紀に入って、日本のものづくりの強みであった高品質や高性能という概念が機能しなくなってきていることです。

日本人の得意とした「モノへの拘り」が、逆に発展の足を引っ張るようになっているとも言えます。ものづくりにおいて、安全は第一であり、不良品ゼロは品質保証の究極の目標であり、高品質は必要不可欠な条件となります。しかし同時に、製造業にとってオーバースペックは諸悪の根源でもあります。使われない機能や必要以上の高いスペックのために人件費や材料費を費やしてしまうと、その分価格は高くなり、更に開発期間が延び、商機を逃し、当然競争力に悪影響を与えます。これらの危機が生じた背景には、高度に発展してきた情報機器や「モノのインターネット（ＩＯＴ）」など、「モノ」の時代から「サイバー」な時代への移行があるのです。

これらにより日本を覆っている危機的状況は以下の３つに集約されると考えます。

1．危機１「技術のコモディティ化」、
2．危機２「技術のシステム化」、
3．危機３「製品のライフサイクルの短縮」

これらを順に詳しく見てみましょう。

●危機１「技術のコモディティ化」

計算機技術、通信技術、デジタル化、微細加工技術などの技術が成熟した結果、資金があれば誰でも技術を手に入れることができるようになりました。これが技術のコモディティ化と呼ばれるものです。

1．【例】液晶テレビ…ブラウン管のテレビが液晶テレビに移行したことにより、制御が難しいブラウン管テレビの設計では重要であった絵作りのノウハウの価値は低下しました。もちろん、著しく高画質・高解像度な物を目指す場合は別ですが、家庭用程度であれば、ある水準以上の技術力を持てば液晶テレビという商品を作れるのです。誰でもというのは言い過ぎですが、現代は技術がコモディティ化し、資本、土地、そして安い労働力さえあれば安価な製品を開発・生産できるようになっているという実例です[77]。もちろん、韓国サムスン、LG電子は戦略をもってそれにあたったために成し遂げました。

図2・2で示しているのはテレビの売上台数の推移です。日本製品の競争力の低下が顕著に現れています。

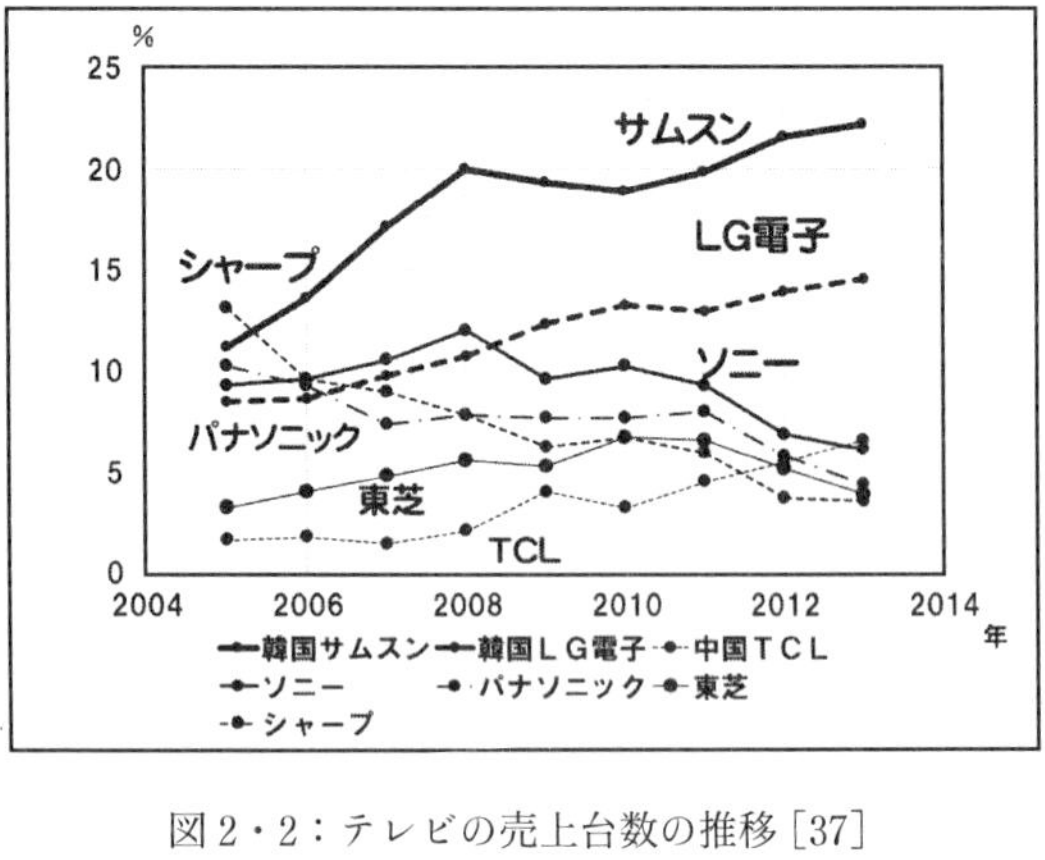

図2・2：テレビの売上台数の推移［37］

2.【例】光学機器：光学計算ソフトウエアCode Vというレンズ設計のソフトウエアが発達し、これによって誰でも（ある程度の）光学設計が可能となりました。二〇〇〇年を過ぎた頃電気メーカーが競ってデジカメに参入しましたが、その背景には、光学設計が光学メーカーの特権でなくなったという技術のコモディティ化が隠れていたのです。ただし、レンズの製造には様々なノウハウがまだまだあって、そのために電気メーカーでのカメラ開発のブームは少し治まったように思います。

その一方、近年ではコンピューター・フォトグラフィと呼ばれる技術が発達し、デジタルデータの扱いが高度に進化しています。例えば光学的な歪みも画像処理によって戻せば済みますし、色収差を込みで補正すれば、高性能なレンズ系を用いなくとも鮮明な画像が安価に手に入ります。目の大きさの補正などもできるようになってくると「良い写真とは何なのか」という基準や「写真は真実を写す」という前提も覆る、そういう時代となっています。

仮に光学などの特定の分野に特化した独自の技術を持っていたとしても、より汎用的な計算機シミュレーターが流布すると技術的な革命が起きます。デジタル化によって、高度な技術が誰でも取り扱える技術になってしまうのです。

●危機2「技術のシステム化」

危機の2つめは、技術の成熟化に伴い、個々の性能よりもシステムとしての性能の優劣が重要になってきたということです。システムとしての性能が測られるということは、技術の良し悪しの判断基準が日本人の不得意な領域に移行していることでもあります[15]。

1．【例】日本のメーカーは携帯電話時代には様々な工夫により成功を収めてきましたが、スマートフォンの登場によって携帯電話が持ち運べるコンピューターという存在になった瞬間に、これまでの個々の工夫が意味をなさなくなってしまいました。部品メーカーとしての位置づけでは、今も日本のメーカーは重要な位置を占めています。しかしシステム自体の変化にはついてゆけなかったため、現在多くの日本人が外国製のスマートフォンを愛用するという状況となってしまっています。

2．【例】一九九〇年前半には二強と言われたニコン、キヤノンの半導体露光機は、その個々の性能はオランダの半導体製造装置メーカーのＡＳＭＬに決して劣るものではありませんでした。しかしそれにも関わらず、稼働率、他の製品への転用、スループット等、システム全体を考えたＡＳＭＬの露光機に二〇〇〇年以降完敗してしまいました[77]、[15]。

図２・３はその半導体露光機のシェアの推移を見たものです。大きなシステム変更を厭わない欧米に、日本は大きく引き離されてしまっています。システム化の脅威です。

システム化の脅威とは、寡占化によるものです。スマートフォンを思い浮かべてみましょう。初めてスマートフォンを購入する人がｉｐｈｏｎｅを選んだとします。後日機種変更をする際、ｉｐｈｏｎｅユーザーは安易にａｎｄｒｏｉｄに切り替えることはしないでしょう。つまり、一旦、あるシステムに慣れてしまうと別のシステムにたやすく乗り換えなくなる、ということです。また、企業がシステム化されている製品を導入する場合も、同一のシステムで統一する方が圧倒的に多いように感じます。これが、システム化が進むと寡占化が進むということです。前述のＡＳＭＬが躍進した理由のひとつも、ＡＳＭＬを使い慣れた技術者が慣れているものを選んだことにあると見てもよいと思われます。

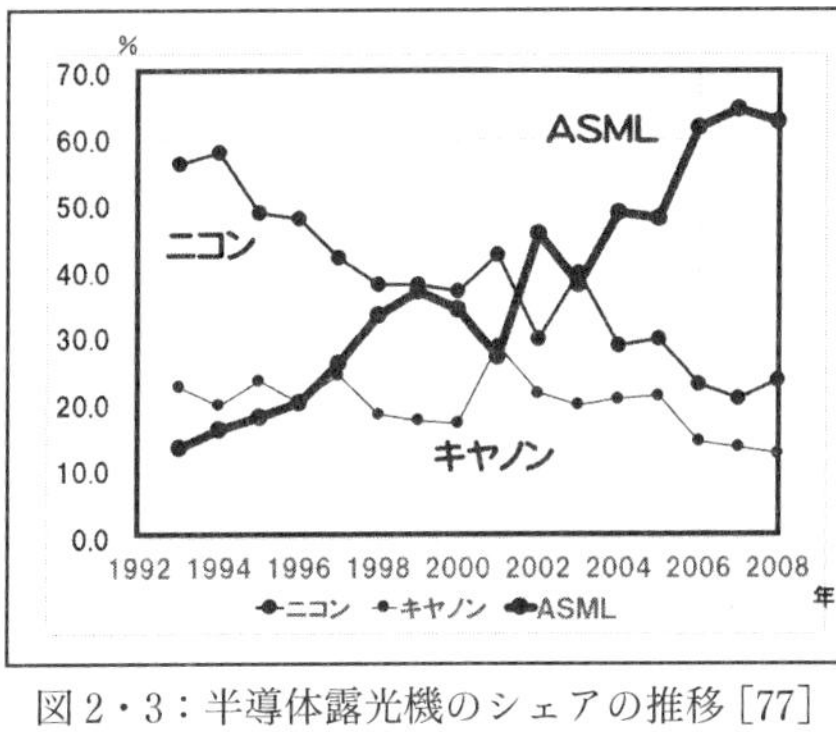

図２・３：半導体露光機のシェアの推移［77］

こうしたシステムとしての性能が重視されるという世界の変化に対して、日本の製造業は効果的な一手を踏み出せずにきました。

それは、日本人の特性である

1. 不確実性を嫌うため、システムの小さい変更は得意だが、大きな変更が苦手
2. システム全体を見ることが不得意

ということが原因だと思われます[6, 15, 14]。

今後更に、「よいデバイス」より「よいシステム」が求められる時代になることが予想され、危機的状況が進むことが憂慮されます。

日本の企業では、製品開発技術者の「モノへの拘り」を、トップの英断で別の方向に切り替えさせるようなトップダウンの仕組みが、そもそも根付いていないようにも見受けられます。それに関連して、全体を俯瞰した取り組み、例えばマーケティングと技術開発の融合なども遅れているのです。

●危機3「製品ライフサイクルの短縮」

危機の3つめは、技術革新のスピードが増す中製品自身のライフサイクルが短くなり、過剰な品

てみましょう。

質保証が時代に合わなくなっているという視点です。半導体メモリDREAMの変遷を例にとってみましょう。

【例】一九九〇年代初頭、日本の半導体メーカーはDREAMで高品質で高耐久性を持つメモリの開発に成功し、米国を抜いて世界のシェアを独占していました[77]。その頃、日本は三〇年保証を実現する程の技術力を持つようになっていました。（図2・4を参照。）しかし、集中管理された大型計算機のみの時代から、各人が所有するPCが主体となる時代に移行すると、計算機のプロダクトライフサイクルは短くなりました。Windowsなどの発売もあり、計算機の市場が大きく広がり、三年後に買い替える予定のPCに一〇年保証の高価なメモリは無駄な装備となっていきました。そして、高耐久性は大きな魅力ではなくなったのです。半導体プロセス装置の進歩も著しく、メモリ仕様も日進月歩に変化した時代です。新しい技術によって生産された安価な製品の方が、高耐久で高価な製品より大量に売れることは、今となれば誰にでも判ることです。もちろん、大型計算機はその当時でも重要でしたし、高耐久で品質の高いDREAMも需要がありました。が、市場の規模からみれば安価なものの市場の方が圧倒的に大きいものでした。当時、発想の転換ができなかった日本は結局韓国、台湾に負けてしまったのです。

技術革新によってライフサイクルが縮まっているにも関わらず、高品質・高耐久に拘り続けたことが日本のシェアが落ちた一因なのです。

しかし、このＤＲＡＭの敗北という問題の本質はもっと深いところにあります。所謂、「技術マネージメントの失敗」とか「戦略の失敗」という見方では片付かない問題をはらんでいると考えるべきです。日本では高耐久についての数値目標が一人歩きし、開発部隊も販売も韓国、台湾製品との差別化に固守してしまったのです。それは歩留まりにしてもそうです。歩留まりの数値が一人歩きし、歩留まりの数値のみが技術水準を表していると考えてしまうのです。耐久性や歩留まりも含めた仕様は、開発コスト、プロセスコスト等と合わせて検討すべきものであり、商品開発全体としてどうあるべきかという事は数字で語られるべきものです。例えば、このことは技術マネージメントなどで強調されてきたことです。「費用の技術マネージメント」「品質の技術マネージメント」「時間の技術マネー

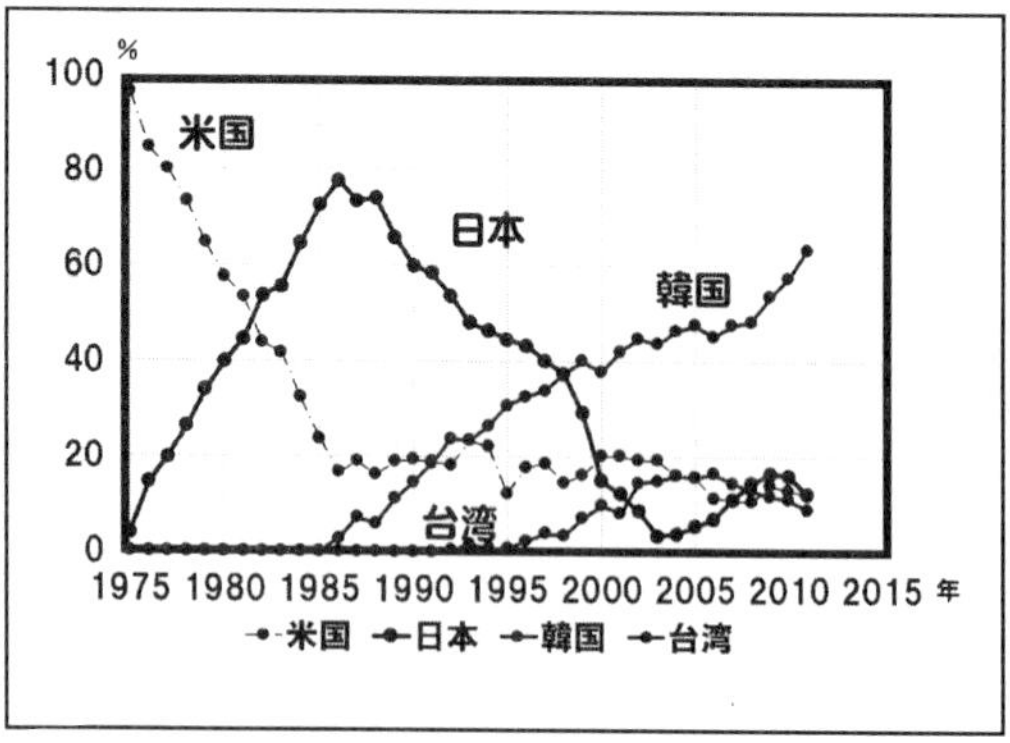

図２・４：DRAM のシェアの推移［77］

ジメント」さらには「二律背反の技術マネージメント」を如何に行うかは教科書レベルで述べられ、成功例も失敗例も考察されてきたことです[66]。しかし、「何かを捨てる」という事を嫌う日本人は「やはり信頼が重要」という言い古された言葉に反論できず、「従来の品質は保持して」という枕詞の下でオーバースペックな製品開発を繰り返し、結果、市場を明け渡すことになったのです。

ＤＲＡＭの例に限らず、日本人は「何かをやらない」「何かを止める」という決断をすることが不得意です。歩留まりの高さを誇る文化が構築されると、その文化の下では、それを落とす生産が現場として出来なくなります。また、高い信頼性が製品の有能さを示す指標であるという文化が構築されると、その文化の下では、それを落とす設計が現場サイドで難しくなります。個々の現場のプライドがそれを阻むのです。そのためどうしても開発、生産のスリム化ができず、時代のスピードに追いつけないのです。

これらの過程は日本の組織が持つ根源的な問題であるとも言えます。「両論併記」と「非決定」が「米国に負けると誰もが考えていた」日米開戦に向かわせた理由でもありました[68]。また、第二次世界大戦中、様々な現場のプライドが、戦術としての失敗を繰り返したのも組織的な問題と言われています[38]。

このように、ライフサイクルの短縮の危機の本質はとても深刻なのです。

日本のビジネスモデルの崩壊

　べっこう細工をご存じでしょうか。タイマイという海亀の一種の甲羅を原料とする工芸品です。長崎では江戸時代からタイマイの甲羅を原材料として輸入し、精緻な加工を施して主に国内向けの生産をしていました。江戸時代末期、開国後に長崎を訪れたロシア人などはその精緻さに感嘆し、購入して帰国していました。輸出と言える規模ではありませんが、輸入した原材料を加工することで付加価値をつけ、その付加価値分を外貨

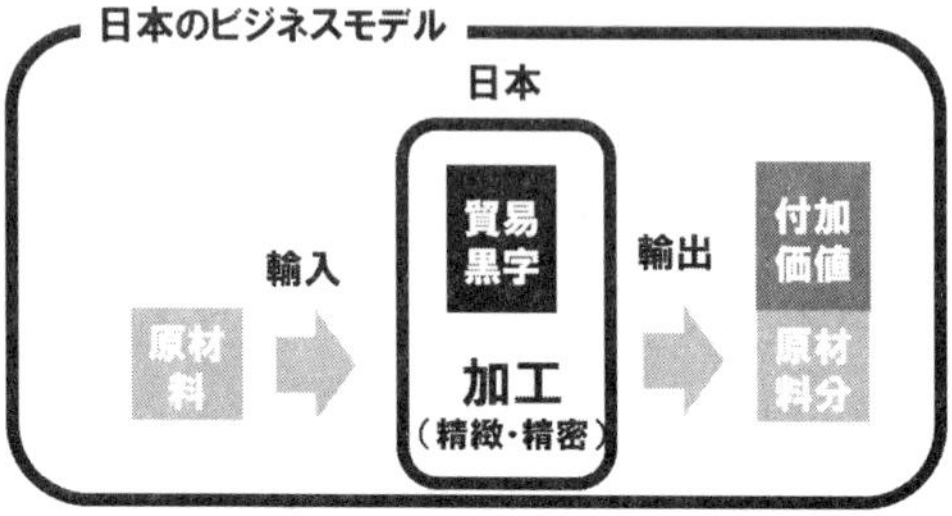

(a)

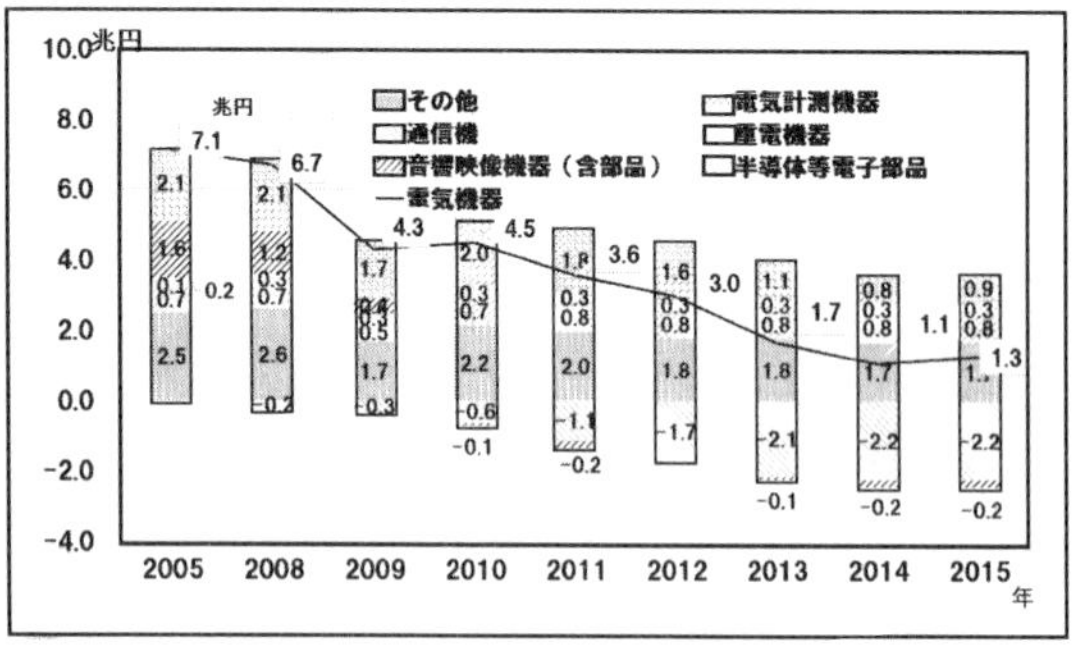

(b)

図２・５：日本のビジネスモデルと電気機器に関する貿易収支の推移

として獲得した一例と言えます[5]。資源の乏しい日本が工業国として世界に打って出るには、エネルギー資源や原材料を諸外国から輸入し、加工して付加価値を付け、輸出するという事が日本の国是と考えていました。図2・5の(a)に示すようなビジネスモデルです。付加価値がそのまま日本の貿易黒字になったのです。加工貿易は日本の象徴でした。

かつては順調に進められていたこの方策が、今崩れようとしています。電気機器に関する貿易収支を表したのが図2・5（b）です。二〇〇五年には七兆円あった貿易黒字が、二〇一四年には一・一兆円となってしまいました。その多くは通信関係の輸入の増加です[69]、[70]。

これを簡略化すると図2・6のように読み取れます。

日本の象徴であった図2・5の（a）の状況が図2・6に示すように、システムの一部となる部品を輸出し、海外でシステム化された商品を輸入する国へと変貌しつつあります。

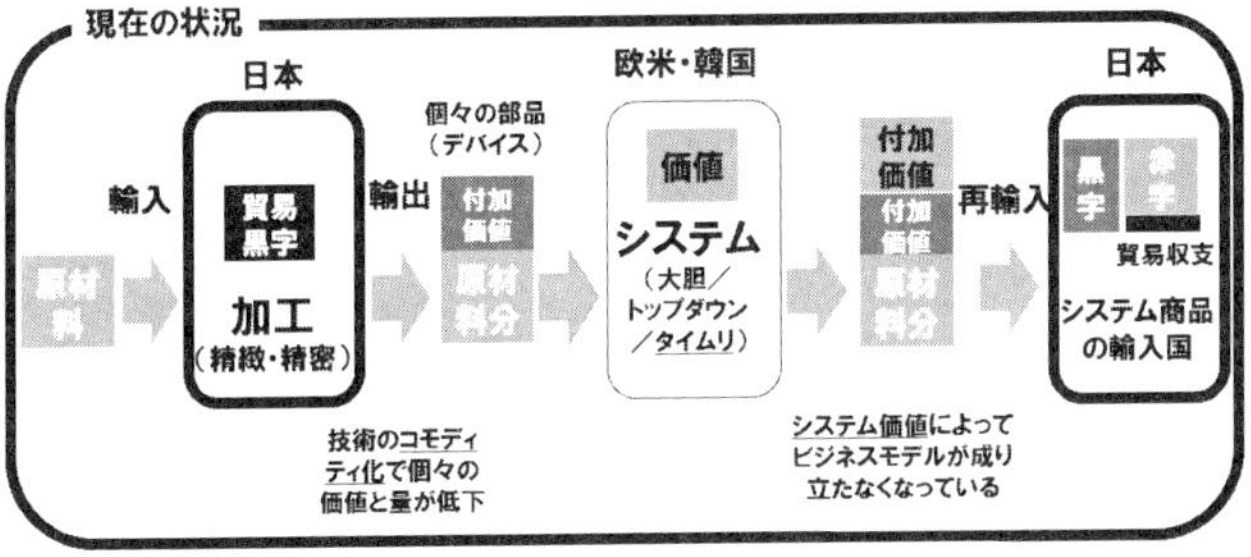

図2・6：日本の現在のビジネスモデル

例えば、スマートフォンの高機能な部品のいくつかは日本製です。日本は高品質で高機能な部品を生み出す力を現在も持っているのです。しかし、その部品が海外の生産するシステムの一部になり、システム化された完成品として再度輸入されるようになったわけです。輸出が好調でも、システム化による付加価値が増すとその分日本の貿易収支がマイナスになるという、今までにない状況が生じてきています。更に、技術のコモディティ化によってデバイス部分の付加価値も目減りしてきています。その一方、海外のシステム商品の開発はタイムリーでかつ商品のライフサイクルの短縮化が進んでいます。

図2・5の（b）の背景には先に述べた3つの危機が存在し、日本の製造業に影響を与えているのです。

他国の戦略

欧米メーカーの戦略

欧米のメーカーの戦略は、単なるモノの製造からシステムの提供へと移行しています。

1. IBMのサービス・システム業務への移行　IBMは、LenvoへPC部門、サーバ部門を売却し、AT&Tにネットワーク部門を売却しました。これは、ものづくりの意味を大きく変える変革であったと言えるでしょう。この改革が果たして成功だったかどうかについては賛否両論があり、二〇一六年の時点でいまだ結論が出ていません[17]。しかし単純に製品を製造し続けることが正しいのだという考え方に対して一石を投じたことは確かです。

2. GE（ゼネラル・エレクトリック）社のNo.1, No.2戦略　ある業界におけるシェアがNo.1であれば、価格競争に巻き込まれず、製品を高値に売ることができます。そしてその利益によって開発費を賄い、より高性能な製品を生み出すという好循環が生まれます。ウェルチのNo.1, No.2戦略と呼ばれるものです。

GEはエジソンが設立した巨大企業です。企業が巨大化し過ぎ業績が悪くなったGEでは、一九八一年にCEOとなったウェルチの改革によってシェアNo.1, No.2の部門だけを残してそれ以外の部門は事業から撤退させる戦略を取り、業績を回復しました[4]。二〇〇一年にウェルチが引退した後も、この戦略は継続されています。金融や白物家電などから手を引き、医療、航空エンジン、インフラストラクチャーなどに特化する改革を行っています[18]。

ジャック・ウェルチ（1935-　）

医療機器業界に目を向けるとＧＥ、シーメンスなどの欧米企業が大きくシェアを持っています。その圧倒的なシェアによって、システム全体を商売にしています。すなわち、電子カルテにより個々の審査装置だけではなく、それらを統合する事で複合的な診断が可能なシステムを構築して、、セキュリティも含めたサービスを提供することを考えています。いったんシェアを獲得できたなら、後から他社に食い込まれる可能性は低くなるのです。

医療機器も含めＧＥはインダストリアル・インターネットという新たな概念を前面に打ち出しています。インダストリアル・インターネットは、人、ソフトウエア、ハードウエアを統合させたものです。より具体的にはＩＯＴとしてネットワークに繋がる機械などからの膨大なデータを解析し、それ自体をもって、顧客に対して新たな価値として提供しようとする一つのサービスです。デファクトスタンダードの構築を狙いとしてＧＥ、インテル社（半導体）、シスコシステムズ社（ネットワーク）、ＩＢＭ社、ＡＴ＆Ｔ社（通信大手）とがコンソーシアムを組むことになっています。これもシステムの覇権争いへの参戦を意味しているとみるべきです[18]。

3．ドイツ（シーメンス社）インダストリー4.0　ドイツはIOTを第四の産業革命と位置づけ、新たな国家戦略を立てています[3]、[18]。（第一次の産業革命が十八世紀〜十九世紀の蒸気機関などによるもの第二次が二〇世紀初頭から始まった電力による労働集約型産業革命、第三次が自動化で、第四次がIOTによるものであるという位置づけです。）企業の現場からみれば、自動化自身まだまだ道半ばの状態ですので、第四次は現状ではまだ机上のもののようにも思えます。しかしドイツは、時代の方向性は変えられない道であり、ネットワークに繋がるあらゆるものを含む巨大システムの覇権争いにおいては、今こそがチャンスであると考えすでに動き始めています。その中核はシーメンスとソフトウエア会社SAPです。例えば工場の個々の装置をIOT化し、SOA（サービス指向アーキテクチャー）を利用することで、SCM（サプライ・チェーン・マネージメント）と工場のシステム・自動化をより高度化させ、新たな販売、開発・生産システムを構築する等のことを考えています。工場のスマート化と呼ばれるものです。顧客のPC、スマートフォンから発注されたカスタムメイドやオーダーメイドの多量生産を、コストを上げることなく実現することなどを構想しています。

ＩＯＴによる工場のシステム化は個々の装置の稼働状況から、メンテナンス、大幅な変更まで、生産システム全体を管理できる状況を生み出し、人の関与を特殊な状況のみに限定する、より本格的な自動化への道を推し進めてゆくものです。そして、ＩＯＴ化は工場のみではなく、商品企画、開発、流通、販売、サービス、農業まで及びます。これは旧石器時代から始まる人間の営みそのものをシステムと捉え、そのシステムを商売にしようとする壮大な構想です。しかし、システムは統一化されてゆくはずです。誰がその統一したシステムを牛耳るのかが問題です。だから、ドイツは声を上げたということです。

これまで　欧米の戦略の一部を見てきました。

私は「日本がダメで西洋はよい」という短絡的な結論を持ちだすつもりはありませんし、日本企業を自虐的に評価するのは間違った捉え方だと思っています。例えば、中国経済の低迷で苦しんでいるとは言え、コマツ（株）の特殊車両に対するシステム化は成功しています[15]。盗難予防目的のＧＰＳ機能を特殊車両の個々に付けたところ、稼働状態から利用方法、保守サービスに関わる情報まで様々なデータを蓄積することができました。ＩＯＴの先駆けです。日本にはこのような成功例も多々あるのです。しかし、今の日本は多いに反省すべき地点に居ることも確かだと思います。

サムスンの戦略

サムスンは歩留まりの向上や高品質化よりもマーケティングに力を注ぐという戦略をとりました。二番手、三番手からの出発でしたので市場である各国の文化、民族の特性にあった顧客ニーズを徹底的に調査・把握し、システムを如何に構築するかに主眼を置いたのです。その具体例のひとつは、イスラム信者をターゲットにしたメッカ／キブラの方向を指し示すアプリケーションです。

歩留まりの向上には、必要以上に注力しないという手法をとったので、企画から製品になるまでの開発時間を極端に短くでき、プロセスがシンプルとなり、それによりコストを安価に抑えることも可能となりました。歩留まり自身は日本の基準から見ると低いままでも、プロセス全体や開発費までをトータルに考えると、目的とする半導体デバイスを安価・かつタイムリーに市場に投入できるようになったのです[77]、[30]。二〇十六年一〇月に世間を騒がせたギャラクシーノート7の発火問題などの失敗はあるにしても、もし製品に不具合があったら、それを直すのではなく新品と取り替えるという対応方法で、どんどん新たな製品を市場に送り込み、送り込むことでさらに技術が磨かれるという好循環を実現したのです。

これも製品開発全体を俯瞰するということで初めてできることです。「個々の改善」に近視眼的に力を注ぎ過ぎる日本のメーカーにとっては、この発想の転換はなかなか難しいことです。

日本の戦略はどこにあるのか

精度だけを上げれば儲かる時代、高品質であれば信頼される時代は終焉を迎えようとしているのかもしれません。例えば、

1．４Ｋテレビが付加価値として本当に機能するか

2．デジタルカメラとスマートフォンのすみわけは可能か

3．システム全体での性能が問われる中で、個々のデバイスの精緻性を如何に魅力にしてゆくのか

4．二年で陳腐化するＩＴ機器に長期保証の半導体デバイスは必要か

このような新しい視点が必要となっていると感じています。

この４つの視点をじっくり考察してみると、日本の製造業はまだ可能性を秘めていると思われます。４Ｋテレビは高精細な映像というコンテンツと結びつけたり、医療などと結び付けることが考えられます。また、デジタルカメラもＩＯＴの眼としての役割という意味では高精細なもの、より単純なものなど、これから益々大きな役割を果たす可能性を持っています。半導体露光装置は、これまでにない新たな手法が模索されてたり、システム化への取り組みなども行われています。高品

質の半導体デバイスとして、車載半導体デバイスのような寿命の長い装置の信頼性に結びつく形ではは今後も需要があるでしょうし、撮像センサーなどの高度な技術を必要とするものは、日本の強みであり、将来に渡っても期待される分野です。

ですので日本の製造業に対して、今すぐに悲観的になり過ぎる必要もありません。

世界を変えるルールブレーカーの躍進

計算機、通信機器などの大きな変化によって世の中は大きく変化しています。現在の日本の製造業の状況はまだまだ健全であると考えていますが、一〇年、二〇年のスパンで考えれば、技術のコモディティ化、技術のシステム化、製品のライフサイクルの短縮は止まらないと考えてよいでしょう。

世界の大きさもずいぶん小さくなりました。海底ケーブルで各大陸や島々が繋がることで、主要諸国の間であればインターネットでほぼリアルタイムでつながる時代となってきています[61]。

また、人工知能が人間を超えると言われている二〇四五年も身近になってきました。

Oxford 大学の Frey（経済学者）と Osborne（ロボット工学者）が二〇一三年に「後一〇年から二〇年先には今ある職種の5割は機械（計算機）に置き換わり、職業として存在しなくなる」と予測したことはニュースとして耳にしたことがあるかと思います[46]。二〇一一年の New York Times には「現在の小学生はその65％は今存在していない職業に就くだろう」という話を報じています[42]。

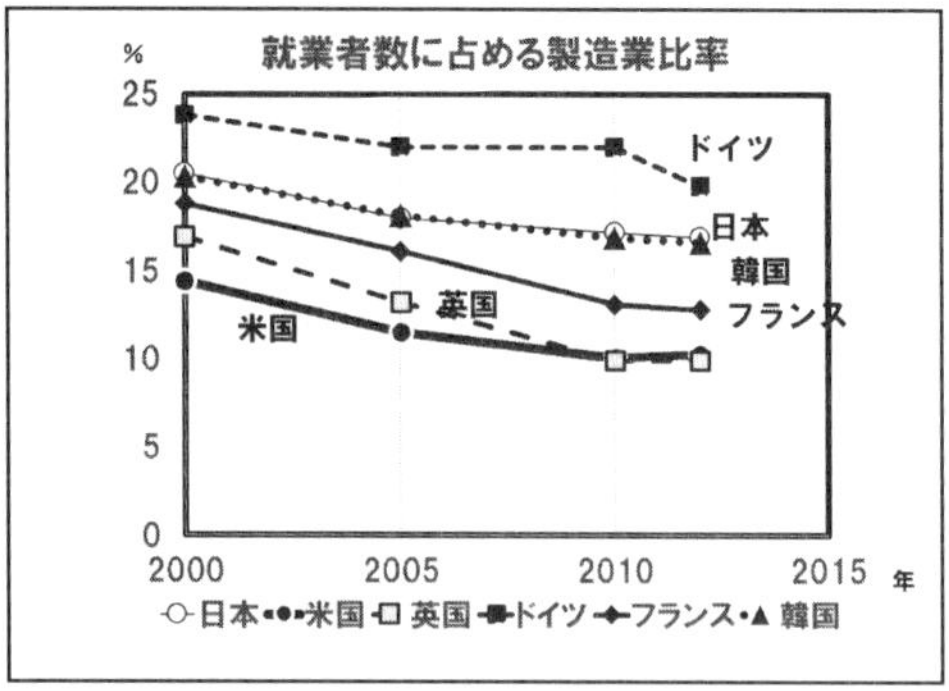

図2・7：製造業の就業人口の推移

	構造改革なし	構造改革あり
上流工程（経営戦略、研究開発）	-136	96
製造・調達（製造工員、調達管理）	-262	-297
代替されにくい営業販売（高額保険の営業）	-62	114
代替されやすい営業販売（定型保険販売、スーパーのレジ係）	-62	-68
代替されにくサービス（高級店の接客、こまやかな介護）	-6	179
代替されやすいサービス（コールセンター、銀行窓口）	23	-51
IT（開発者、セキュリティー）	-3	45
バックオフィス（経理、給与管理、データ入力）	-145	-143
その他（建設作業員）	-82	-37
合計	-735	-162

図2・8：
2030年の雇用人口（万人）の増減予測（経産省）

また、二〇一五年の暮れに野村総研とOsborneが解析を行い、二〇三〇年には、日本の労働人口の49％が人工知能やロボット等で代替可能となるという試算を提示しました。

図2・7[69]に示したように、ドイツを除いて、先進諸国の全産業に対する製造業の就業人口の割合は年々、減少傾向にあります。更に[69]のデータより詳しく眺めると、日本の製造業の就業人口は、一九九三年に全体の23.7％（1530万人）居たものが、二〇一三年には16.5％（1,039万人）となっています。

経産省は二〇一六年四月に二〇三〇年の雇用人口の予測をし、IOTに対応する産業の構造改革を行わなければ全体で735万人減少し、もし改革を行うと全体で162万人の減少にとどめられるとして、構造改革の必要性を説いています。（2・8図を参照[18]）分類が少し異なりますので表の内、どこを製造業の関連人口と見るかによって多少異なりますが、これによると構造改革を行っても行わなくとも400万人～200万人程度の製造業の人口が減少することが見込まれています。

時代は動いているのです。

世界を変えてゆくルールブレーカー

世界では、ルールブレーカーがイノベーションを起こし、戦略をもって時代に対応しています。

ヨーゼフ・シュムペーター（1883 - 1950）

ルールブレーカーとは所謂、シュムペーターの言う企業者です。起業家とほぼ同じ意味です。シュムペーターの言うイノベーションとは、考え方や社会常識を変える経済活動での変革です。ゲームチェンジという言葉でも呼ばれていたりします。

ＣＤ、ＭＤ時代は著作権はとても大きな問題でした。ＣＤからＭＤに移せる回数は何回かというコピーガード機能は必要な性能でした。この機能は日本では一九九九年に著作権保護の立場で法律上より強化されました。しかし、ネット配信の時代になりコピーガードという考え方自身がボヤケてきてしまっています。さらにはクラウドの時代になり、データを貴重品として個々人が保存、管理するという考え方も崩壊しました。ｉ‐ｐｏｄの出現により自宅のオーディオとネットが繋がった瞬間に世界は大きく変わったのです。

ＤＶＤのリージョン番号もかつては必要な機能でしたが、ネットの時代では地域という概念も崩壊しています。

スティーブ・ジョブズ（1955 - 2011）

少し、乱暴な言い方ですが、イノベーションとはシステムの変更であると言ってもよいかもしれません。Ａｐｐｌｅはマウスによるインターフェイスを備えたパーソナル・コンピューターの先駆けであるＭａｃｉｎｔｏｓｈを世に出し、一九八〇年代中盤より根強い力を持ちました。よいソフトウエアとよいハードウエアの組み合わせがよいパーソナル・コンピューターであるという考え方がＡｐｐｌｅの創業以来の考え方です。最良のペアをＡｐｐｌｅの責任で顧客に提供しようとする思想は、ｉｐｈｏｎｅでも受け継がれています。それに対抗したのがマイクロソフトのＷｉｎｄｏｗｓでした。当時、汎用ＰＣとして普及していた所詮ＩＢＭ互換機（ＰＣ／ＡＴ互換機）は、これさえあれば、誰が作った物でもＷｉｎｄｏｗｓが動くというものです。これによって、ＯＳを含むソフトウエアとハードウエアが分離し、ＯＳを含むソフトウエアを提供する企業とハードウエアを提供する企業が分離しました。まさにルールブレーカー的発想です。その

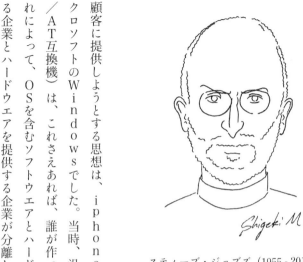

お陰でコンパックという企業が現れ、ＩＢＭ互換機を一〇万円足らずで提供するようになると、ＷｉｎｄｏｗｓがＡｐｐｌｅを席巻することになりました。Ｗｉｎｄｏｗｓの普及と共に、ＷｏｒｄやＥｘｃｅｌといったソフトも普及して行きました。今や企業や政府機関に至るまで、デファクトスタンダードに過ぎないマイクロソフトのＷｏｒｄやＥｘｃｅｌなしでは、情報の伝達さえできない状況になっています。Ｗｉｎｄｏｗｓの普及はシステムの変更を意味し、それが社会構造にまで影響を与えた事例と言えます[40]。

ブレーク＝破壊ではない

ルールブレークとはルールの意味を無くす事です。ルール自体を支えている社会的な文化を変化させる、そういう事までも起こすのがルールブレーカーの存在です。

ルールをブレークするとはいっても、もちろん違法な行為をするという意味ではありません。今まで常識に縛られて「やってはいけない」と思いこんでいたことをやってみるという事です。

マイクロソフトがＷｉｎｄｏｗｓを発売したとき、それはＡｐｐｌｅのＭａｃｉｎｔｏｓｈの模造品と揶揄されたりもしました。Ａｐｐｌｅが開発した技術を組み合わせただけに過ぎないという批判もありました。しかし、ＯＳとハードの分離が世界を変える可能性があることを、当時は誰も見抜いておらず、最初にそれを行ったのがマイクロソフトという企業だったわけです。社会のルールを変えるというシュムペーターのいう技術革命を起こしたのです。それはシステムの構築を伴うものです。ＡｐｐｌｅのＭａｃｉｎｔｏｓｈですら、技術としては当時既にあった技術のアセンブルにすぎないという見方があります。シュムペーターのいうイノベーションとは必ずしも新規技術を伴う必要はありません。それより、それを普及させ社会的な常識や考え方を変更するといった、システムの構築にイノベーションの意味があると言えます。

ルールブレーカーの発想は今までの常識にとらわれない斬新なアイデアです。「空気を読まない対応」とも言えます。多数の「空気を読まない発想」が提案されれば、その内の幾つかが生き残りそれがイノベーションに繋がるのです。人は成功物語が大好きです。そして成功者となった人物、生き残ったアイデアが生まれた要因や過程を知りたがりますが、実はその多くは確率的に出現していると考えるべきです。

仮に斬新なアイデアがあったとしても、その発想を支える技術が丁度成熟していたり、時代の文化的背景が丁度それを要求していたり、よい経営者や同僚が偶々居てそれを育んだり、といった幸運が重なって起きなければ成功にはつながりません。それは多分に確率的なものなのです。

「何が成功するか」は確率論的なものであるということは、経済学者ハイエクも経済学的な視点

フリードリヒ・ハイエク（1899 - 1992）

から指摘しています。ハイエクは「市場に影響を与えるすべてのことを完全な知識をもつというのは、あきらかに標準的ではありえない」[51]として、経済活動において情報の伝達や認識は不完全なまま、様々な判断がなされ、完全な現状認識などは不可能であると述べました。不完全な認識の下で経済活動が遂行される以上、それらを正確に予見することはできないということを意味します。つまり、「何がヒットするか」などということは誰も予測できない確率論的なものです[2]。

もちろん、成功したものに対して、その必然性を解析することは世の常です。「成功の秘訣」のような書物が溢れているのも事実です。しかしその幾分かは「宝くじに当たった人の必然性をまことしやかに聞くこと」に似ています。それを理解せずに、それを鵜呑みにすることは危険です。

つまり、この確率論的な見方というものがとても重要です。「数打てば当たる」という事実を社会がどれほど許容できるかが、ルールブレーカーを産む土壌か否かを決定するのです。

そのためには「空気を読まない発想」「斬新なアイデア」が豊富に世の中に提案・発信され、失敗を許容する伸びやかな風土が必要です。また、それを実際に商品にしてゆく資本家、経営層も必須です。

日本でもルールブレーカーは輩出されるのか？

ここでは日本でのルールブレーカーを取り巻く環境に目を向けてみましょう。

日本の若者の多くは制服を着せられ、教師が右と言えば右を向くことが良しとされる環境で十二年間程度過します。その結果「人と違う事を発想する」という事が苦手になってしまいがちだと感じます。和を貴ぶ国民性もありますし、日本語という言語に起因するところも大きいと思われますが、この傾向は二一世紀に入りより進んでいるように感じられます。身近な例ですが、校則や制服から解放されたはずの現代の大学生を眺めると、似たような服装、似たような髪型、似たような話し方をする者の多さに驚かされます。

明治以降、富国強兵を目的に作られた教育制度の中で「横並び」を躾けられてきた影響は今なお健在で、異質なものを「空気がよめない」として排除する傾向は大人社会の隅々まで広く蔓延しています。日本人が突然、これからはルールブレーカーがキーパーソンだ、ルールブレーカーになれと言われてもその意味を理解することさえ難しいように感じます。

多くの会社では研修の一環で「新規商品の企画」をグループで考えて提案するというものがあり、私も何度かそういう研修に参加しました。その際、いつも感じたのは、空気を読むことに慣れた普通の技術者が集まると、ネットや技術雑誌に載っている有り体なアイデアしか提案されず、更に多数決を取ってゆくと新規性のない凡庸なものになってしまうことでした。同時代を共有している競合他社も当然同じことを考えているであろうと、容易に想像できます。斬新なアイデアが多数決で一蹴されたりするのを見ると、日本にはルールブレーカーを受け入れる素地はないと感じたものです。

実際の業務でも、斬新なアイデアを主張するためには根回しをし、バックデータを用意し、理論武装をしなければ中々受け入れられません。有り体な常識を持った重鎮に、面白い発想や深い洞察が否定されてしまう様を何度か見たことがあります。「それならやってみろ」などと言われる状況より遥かに目撃数は多いものです。

もちろん、日本人の中からルールブレーカーは生まれない、と主張するつもりはありません。例えば、ウォークマンを考えてみましょう。それはオーディオは家で聞くものという常識を打ち破った画期的な新製品でした。とはいえ、日本人の中からルールブレーカーは生まれにくい、そういう傾向があるのも事実なのです。その事を前提に戦わなければならないのです。日本ではルールブレーカーは生まれにくく、育ちにくく、生きにくいことを認識して戦略を練る必要があります。

日本の製造業の復活とものづくりの数学

ここからは、厳しい状況下で日本の製造業を復活させるにはどうしたらよいかを考えてゆきましょう。状況は切迫しています。具体的な戦略を練って、武器を用意して対応することが望まれます。

日本の製造業の進むべき道

少し単純化し過ぎではありますが、日本の従来のビジネスモデルは、資源を輸入し、それを加工し、付加価値を付けて輸出することでした。それにより外貨を稼いできました。日本には資源が少ないので、知識や労働でそれを補うという考え方です。

それが崩壊したのが現在の状況です。システム化された製品の輸入国となってしまい、外貨を稼げなくなっているのです。スマートフォンの例を再度眺めると、スマートフォンのキーとなる高性能な部品などのデバイスには今でも日本製が多く使用されています。それらは輸出され、そこで外貨は稼げています。しかし、それらのデバイスをアセンブルしてシステムとなったものを輸入するので、デバイスで儲けた部分が差し引かれてしまいます。図2・6がそれを示しています。

これは、医療機器などでも言えることです。病院全体をシステムとして対応しようとする欧米の製品が、世界のデファクトスタンダードとなれば、日本が輸出したデバイスを含んだ医療機器を、日本の病院が輸入・購入することになります。システムになることで複数の診断装置のデータを総合的に判断する高度な診断が受けられる等、利用者側にとっては大きなメリットとなります。

このように、システムとしての付加価値はすでに重要視されており、そして、今後それは更に高まることが予想されます。同様のことが、広く通信、半導体工場などでも起こり始めています。

二〇一六年八月にコーネル大学、ＩＮＳＥＡＤ、世界知的所有権機構（ＷＩＰＯ）によって発表されたグローバルイノベーションインデックスの二〇一六年版ランキング[82]によると、イノベーションを生み出す環境として日本は世界一六位に位置付けられました。二〇一五年の一九位よりランキングを上げたものの、スイス、スウェーデン、英国、米国など欧米や韓国より下位にランキングされています。日本は特許取得などで様々な指標で上位に挙がっていますが、技術やサービスに結びついている知的財産が少ないためと、その理由が述べられています。

今後、新しい一つの技術より、複数の技術の組み合わせの方がより経済成長に繋がるとＷＰＯが解析しています。個々のデバイスがキーとなり世界を席巻する時代からシステムそのものがその役割を果たす時代に移行しており、日本がそれに乗り遅れていると、外部機関からも評されていると理解すべきです。

このような状況に対して、日本の貿易収支をより黒字化するためには

1．デバイスとしての付加価値をより高めること

2．システム化に向けた技術分野を伸ばし、デバイス単体の製品や技術からすべて、または幾つかの部分がシステム構築された製品や技術に移行すること

の2つの目標が考えられます。後者にはよりスピードを伴う判断も求められます。

日本人の強みを活かして、この2つの目標を実現し、かつてのように自信をもって海外と対抗できる「ものづくり」を復活させるためには、2つの指針が考えられます。

1. より高度な品質、より高度な精緻化を目指す。

2. システム化に向け、従来の方向を転換する。

です。

以下この事をもう少し掘り下げてみましょう。

1. より高度な品質、より高度な精緻化を目指す。

これまで日本が進んできた方向性を保ち、さらにレベルアップを図るとするならば、例えば、高品質性が求められる車載半導体は妥当な選択だと思われます。自動車に積まれる半導体デバイスに求められる品質は、スマートフォンのものと全く異なります。過酷な環境下でも全くその影響を受けず、かつ高機能・長寿命のデバイスが所望されています。もしも自動車を制御する半導体デバイスが数年で壊れたり、個々の特性に違いがあったら、人命に関わる問題となってしまうからです。このような方向性は日本人の特性にあったものと感じます。実際ルネサスは二〇一四年車載半導体の業界ではシェアNo．1となりました。自動運転の時代になると高品質で高寿命の車載半導体の価値はより高まります。光学技術と半導体技術の両方の技術により精緻に設計、製造する撮像センサーも日本の強みになっています。システムを支える個々のデバイスの需要が衰えるわけではなく、より増加することも確かです。テレビなども4K、8K等のように高品質、高画質に向かう事が一つの選択です。家庭用テレビの高品質化の需要は、すでに頭打ちしていると思われますが、医療現場や芸術関係の現場では、これらの違いが質的な価値を生み出す可能性をまだまだ秘めているからです。もちろん、収益という観点ではその市場は大きくないので、技術開発のコストなどを技術マネージメントの立場からトータルに管理する必要があります。

これらの例にあるように、より高品質、高機能な製品により、高付加価値なデバイスを目指すのです。

2．システム化に向け、従来の方向を転換する。

(a) 日本人の特性である「まじめさ」「正確さ」「精緻性」を活かしつつも、従来とは異なる新たな「ものづくり」の方向性を打ち出す

(b) システム全体を俯瞰し、画期的なシステム構築を目指す

日本人はその「まじめさ」「正確さ」「精緻性」のお蔭で、例えば、技術マネージメントを製品開発に適用しろと命じられれば、まじめにチャートを書き議論します。が「何かを捨てろ」と

命じられた場合には捨てる決断ができません。各組織のパワーバランスに配慮し空気を読むことで、両論併記にしてしまい勝ちです。現在の製造業が抱えている問題は、技術マネージメントのような経営学的な処方箋のみでは乗り越えられないと考えるべきです。

これまで書いてきたように、日本人は「まじめさ」「正確さ」「精緻性」という特性を無制限に発揮しがちで、それが現在の弱みでもありました。そういった弱みを如何に強みに変更してゆくのかが、本書の目的のひとつです。

そもそも、日本人は外部新奇性の取り込みに優れています。日本人は「本来は○○であるべき」という規範を一旦持つと、外部新奇性を極めてスムーズに取り込みます。例えば日本ほど、たくさんの多国籍の料理店が町にあふれている国、それを家庭でも食べようとする国はないのではないでしょうか。「イタリアンを食べることが格好いい」となれば、皆食べたり作ったりしますし、「タイ料理を知っていることが常識だ」となればネットで調理法を探して作ったりします。同様に製造業界において「本来○○であるべき」と定められた規範を与えられたら、自らを大きく「改善」することもできるでしょう。つまり、「本来あるべきもの」が「システム構築である」となれば、システム構築の方向に一気に進むことが望めます。

システムを構築するに当たっては、柔軟性・曖昧性をもって物事を俯瞰できていることが前提となります。「精緻性の基準とは何か」という問いかけができれば、それらの基準そのものを「改善」できます。また、「ものごとをおおざっぱに把握する」ことができれば、システム全体が俯瞰できます。その良し悪しによって「英断」できるようになればシステムの大幅な変更も可能となります。

このような「本来○○であるべき」と定められた規範を持つためには、基準に対する懐疑性を含有し、柔軟性や曖昧性を許容する道具、武器が必要となります。日本人の特徴である「まじめさ」「正確さ」「精緻性」を基礎としつつ「ものごとをおおざっぱに把握する」ことも可能とする、そういう器用な武器が必要となるのです。

2つの方向性について述べてきましたが、この何れを選択した場合においても、鍵を握っているのは数学であろうと私は考えています。より高度な品質、より高度な精緻化に全力を注ぐ際には間違いなく数学が活躍します。詳しくは第Ⅱ部で述べます。また、新たなシステム構築を進めるに当たっても、厳密性と柔軟性を併せ持ち、重要な武器となるのは数学です。数学は基準に対する懐疑性も含んでいます。現在の弱みとなった「まじめさ」「正確さ」「精緻性」を強みに変える施策として、「ものづくりの数学」が活躍するべきと考えています。

ものづくりの数学の役割

ダ・ヴィンチは手記の中で「工学は数学的科学の楽園である。何となればここでは数学の果実が実るから。」[31]と述べています。この言葉は現代でも有効です。技術は数学で語られるべきものなのです。

そのためには、時代の技術にフィットした数学が必要になります。現代的な数学という武器を手に入れたなら、それにより現代の複雑化した技術を記述することができるのです。「曖昧さ」や「厳密さ」さえも取り扱うことができます。システム全体を俯瞰し、大きな構造を考えられるのも二〇世紀に発達した現代数学の特徴です。例えばビッグデータや人工知能の認識、統計的な処理や確率に対する概念を考える際、現代数学によって全体像を俯瞰できます。

レオナルド・ダ・ヴィンチ（1452-1519）

そもそも数学は日本人の特性である「まじめさ」「正確さ」「精緻性」にマッチした学問です。その数学を現代的なものに置き換えればよいのです。

現場の技術者が現代数学の思考を学び身につけれ

ば、現場は大きく変わります。より客観的にシステム全体を俯瞰し、理解することが可能となります。海外のルールブレーカーのアイデアに匹敵する、大胆なシステム変更に向け、技術者自身が、システム変更に向けた考察を綿密に行うことができるようになります。大胆な事を精緻に行う際に、数学的思考は大いに役に立ちます。

「精緻であればすべてよし」を見直す

ルールが異なれば、正解が異なります。そのルールを変更する仕組みもまた、数学の中にあります。その好例の一つが位相幾何学です。ある位相Aで真実であった事が、別の位相Bでは偽であったりします。どの位相を選ぶかは問題にアプローチする際に、研究者自身が決めるものです。

位相幾何学を学ぶと、ルールを決めるのはプレイヤーである研究者自身であり、設計を行う技術者自身だという発想が理解できます。

それを実地に利用すると、適切な精度や品質で設計を行うことが可能となります。日本人が得意とする「何が何でも精緻な高品質なもの」の追及ではなく「どの程度の精緻さか」、「どのような意味の高品質か」という事を考える土台が位相幾何学には組み込まれているのです。

付録に載せましたが、東大総長であった吉川は、彼の設計論で既に、設計とはどれくらいの精緻性が必要であるかの基準も提示し、その基準の中で最適なものを提示する行為であると述べています[76]、[35]。

「とにかく精緻なのがよい」という考え方は日本の繁栄を支えました。時代とマッチしていたときには、批判する必要はありませんでした。しかし、時代が大きく変化して、「とにかく精緻なのがよい」というキャッチフレーズが時代と合わなくなってきています。「精緻さ」とは何かを「精緻」に問い直し、より時代にマッチした考え方に移行することが求められているのです。

技術者自身が、そのような数学の構造を上手く利用できれば、日本人のまじめさを武器にして、海外のルールブレーカーにも対抗できます。

更には、現代数学が、技術のツールとして実績を持てば、抵抗勢力による圧力にも対抗できるでしょう。より厳密な数学の上に立つことで、「単に厳密であればすべてよし」という非科学的な思考を論理的に論破できるようになるのです。横並びの時代は終わろうとしている中、「他社もやっていたから」とか「従来やってきたので」という、非論理的な理由付けで、自己の立ち位置に安心感を持つことはとても危険なことです。その際、新たな立ち位置に根拠となるものが必要となります。現代数学にはそういう根拠を提示できる基準も内在していると考えます。

「不良品ゼロ」は最良のスローガンか?

十九世紀にラプラスは「もしもある瞬間における全ての物質の力学的状態と力を知ることができ、かつもしもそれらのデータを解析できるだけの能力の知性が存在するとすれば、この知性にとっては、不確実なことは何もなくなり、その目には未来も(過去同様に)全て見えているであろう。」と「確率の哲学的試論」で述べました。ラプラスは確率論の研究も行い、その後の確率論の発展に寄与した研究者でもあります。ラプラスの考え方は「決定論的なものが支配する」世界を「人間の能力のなさ故に確率論を仕方なく利用して理解する」という立場でありました。

しかし、二〇世紀前半の量子力学の発見、二〇世紀中盤のカオス、後半の複雑系などの研究、更にはハイエクによる経済活動における確率論的な研究などにより、人類の自然観は大きく変わりました。二一世紀の現在においては本質的に「確率論的なもので世界は支配されている」といると考えるべきなのです。二一世紀は確率論の時代と呼ばれています。如何に確率論的なものを理解し、制御するかということが鍵となっています。

つまり、そもそも世の中は決定論的に定まっているものではないというのが近年のスタンダードな世界観です。

このような世界観の変化にも日本の技術者が乗り遅れているおそれがあることに危機感を感じま

す。文科省が文系科目の不必要論を唱えたということが新聞紙上をにぎわせたりしますが、西洋では教養主義に則て、時代にマッチした自然観を持つことができていたりします。日本人はそれができずに、「不確実性の回避」に走りがちです。特に、早期から専門を学ぶのがよいという考え方が強まり、幅広い視野を持てる機会を失っていると思われます。

更に、西洋はある意味階級社会であるため、トップに関わる一部の人間が幅広い世界観と、時代にマッチする考えを持ち、それをトップダウンで落とすという構造ができていますが、横並びの日本ではそういう傾向が薄いように感じます。結果、押しなべて、教養や世界を見渡す視野を育む機会に乏しく、技術者の多くが教養主義的な見方を軽んじ、世界観を持たないまま、たたき上げの技術観で大きな判断をしているように思うときがあります。

例えば、「不良品ゼロ」という標語があります。それはキャッチフレーズとしてはよしとしても、世界が決定論的に定まるべきという前近代的な世界観の上にたっていることも確かです。そういうものからそろそろ脱却しなければならない時代となっています。もちろん、経営者がその事も判ったうえで、パフォーマンスとして社員に述べることがダメだというわけではありませんが、猪突猛進型の傾向が行き過ぎていないのかを冷静に分析する必要があります。

この問題は、モトローラが提唱したシックスシグマという概念と比較すると判り易いものです。

シックスシグマはそもそも統計的立場で不良品の起こす功罪をより科学的に見積もることに狙いがありました。多くのところで共通点がありますが、「不良品ゼロ」とは立つべき位置が違っています。「科学的」か「精神論的」かの違いです。

また、現在、話題となっている人工知能も確率論的なものを利用した手法が流行りですし、実際に成功を収めています。「世の中は厳密にすれば決定論的に定まる」という前近代的な考え方を妄信する時代は終わったのです。

二一世紀は確率論的なものを如何に理解し、予測するかが鍵となっています。これらの確率を記述する道具もまた、現代数学です。しかもそれを使えば、確率論的な意味で厳密に記述できるのです。

ものづくりの数学技術者は何人必要か？

企業に在籍する技術者のうち、何名くらいがものづくりの数学技術者であるのが望ましいのでしょうか？

一つのプロジェクトに少なくとも一名、数学を操る能力を持った技術者がいるべきだというのが私の持論です。その能力のレベルは、現代数学をある程度理解していることが求められると考えています。

思想なしに日本のモノづくりが復活することはありません。ここでいう思想とは、イデオロギーという意味ではなく、考え方のことです。現代数学の中には「考え方」があります。それを理解し、単なる「精緻化」や「厳密化」を追求するのではなく、きっちり技術をその言葉で表現できる技術者が必要です。産業界で使われている言葉には（のちに詳しく述べますが）方言のようなものがあるので、目的にあった言葉を選ぶ能力も必要です。技術者は言葉を基礎に議論を深めることで、従来の問題点をあぶり出し、危機を回避できるようになるのです。

能力を持った技術者が育つ社会になればそのような技術者を一定量、プロジェクトの中に配置することができます。日本の社会構造と矛盾することなく、プロジェクトの進む方向に影響を与えられると考えています。

ものづくりの数学が目指すもの

ものづくりの数学の目標は大上段に構えて言うと「**技術者が現代数学を道具として使いこなすことによりブレイクスルーを起こす**」ということです。

使いこなす、というと完璧さが求められているように思われるかもしれませんが、現実には使いこなすレベルはケース・バイ・ケースです。とは言え、目標というものは本来高く掲げるべきです。

そして、この目標は「技術者が」ということろが鍵です。技術者が数学を自在に操ることで見えていなかったものが見えるようになりますし、全く新しい発想を持てるようにもなります。更には、プロジェクトの進め方を論理的に考えることもできるようになります。それは、プロジェクト全体をまとめてゆくための、核となる道具や言葉を現代数学が与えるからです。

第Ⅱ部で詳しく述べますが、それは二一世紀の技術を適切に表現するための良い道具、良いツールです。技術革新を起こすという目的を果たすためには技術を客観的に表現し技術を操る能力が必須です。技術者の一定の割合の者は現代数学を貪欲に自分のスキルとして取り込み、使いこなすべきと考えています。人類が火を使いこなすことで技術を得たように、二一世紀、数学を上手く使いこなすことが発展の鍵となるのです。

現代数学の特徴

ここで本書で何気なく使っている「現代数学」という言葉の意味を改めて明確にしておきましょう。私は現代数学という言葉を「理学部数学科で勉強する数学」という意味で使っています。

現代数学とは
「**対象を抽象化し、分類し、その関係を厳密に論じることにより対象の本質を抉りだす**」学問のことです。
ここでいう「関係」とは、広い意味の代数的構造を指します。
現代数学をクリアーにイメージできるようその特徴的な要素を幾つか挙げてみましょう。

1．代数構造

代数構造とは「数学が言葉として書かれてゆく仕組み」のことです。

（a）鶴亀算を思いだしてみてください。そのごちゃごちゃ雑然としたものが x という記号を導入して代数方程式を使うことによって誰でも解けるようになったでしょう。その仕組みが代数構造です。

（b）鉄100gも綿100gも100と表し、それによって異なるものを足し合わせるという事でもあります。そもそも小学1年で学ぶ、リンゴ3個とみかん2個を足し算すると果物5個という見方も、よくよく考えればとても高度な概念です。リンゴといっても王林、ふじ、スターキングなどもあり、大きさも様々なはずです。それらを同一と見てよいのかどうかは高度な哲学的な問題です。（哲学者フッサールは、この疑問を出発点として彼の哲学である現象学を構築しました[45]。）

しかし、一旦、数字として個体を数えたり量的に計ることができると、四則演算ができ、計算が可能となります。これも最も身近な代数構造です。このように何かを抽象化し、同一性や差異を認識できれば、一挙に数学演算で論理的に考えられるようになります。

（c）微分と物理を習った人なら判ると思いますが、「言葉としての微積分」というものがあります。

アイザック・ニュートン（1642-1727）

ゴットフリート・ライプニッツ
（1646-1716）

例えば、微積分を使わずに記述すると難しい物理現象が、微積分を利用すると明快なものになります。放物運動なども何も覚える必要もなく運動方程式を微分方程式として書いてしまえば、後は解くだけです。

対象を数学の言葉で理解するのです。広い意味では、代数とはその言葉そのもののことです し、その言葉の使い方こそが、広い意味の「代数構造」です。

ニュートンは最も有名な科学者のひとりでしょう。彼は一七世紀から一八世紀の初頭を駆け抜けた天才でした。天才であったがゆえに、彼が遺した「プリンピキア」は現代の科学者が読み解くことさえ非常に困難を伴う著作となっています。ニュートンと同時期に微分・積分を発見したライプニッツは一般的にはニュートンほどなじみ深い人物ではありません。しかし、このライプニッツこそが現代使われている微分記号、積分記号を発明した人物でした。「プリンピキア」と同世代の出版物でもライプニッツの影響を受けた数学書は、現代の我々でもある程度理解できるものとなっています。ライプニッツが開発した記号（言葉）のお陰で後世の数学者は対象を厳密に研究することができました。その成果としてオイラーがニュートン方程式を書き下したのです。

おやっと思われたかもしれませんが、現在ニュートン方程式と呼ばれているものは実は、ニュートン自身が発見したわけではありません。それを発見したのはオイラーでした。ニュートンの死後のことです[33]、[71]。この誤謬は十九世紀末のマッハによるものです。マッハが彼の影響力でこの誤謬を流布させたことに起因します。ニュートンは微分記号や積分記号を使わずにその概念を記したので、後世がそれを読み解くことはとても困難です。オイラーの結果を知っていたマッハがニュートンの記述を読み誤ったと見るべきです。

オイラーはライプニッツが開発した言葉のお陰で、対象を厳密に研究することができ、そしてニュートン方程式と呼ばれているものに到達したのです。ライプニッツの記号がなければオイラーの発見はなく、数学史は大きく変わっていたことでしょう。ニュートンが天才であることに変わりはありませんが、伝承できる言葉になっていなかったのです。ニュートンが実際に発見した他の数学的事実も、このような代数的な言葉に置き換えられることで初めて後世の研究者が理解できるようになりました。

これは、「数学が言葉である」ということを示す代表的な逸話のひとつだと思います。

2. 抽象化

現代数学では「対象を抽象化」します。

抽象化とは平たく言えば「厳密に曖昧性を取り扱うこと」ですが、これは易しいことではありません。そもそも、厳密とあいまいは反対の概念です。

十九世紀から二〇世紀前半に活躍した哲学者フッサールは、数学とは技術に現れる諸々の概念を抽象化することで得られた学問であると述べています[44]。フッサールが構築した現象学とは、「数学における抽象化とは何か」を突き詰めたものと言われています。数学が現代数学に移行していった十九世紀後半からの動きに対応して、彼は現象学という学問を構築し、抽象化とはどういうものかを解明していきました[28]。

現代数学はその「抽象化」という概念の礎の上にあります。異なるものを同一と認識したり、同一とは何かを厳密に定義し、認識するのです。このような過程を経て、現代数学は、厳密に「曖昧なもの」を取り扱える枠組みを提供します。例えば、リンゴとみかんを足したり、引いたりもできます[54]。

3. 「本質を抉りだす」とは

前述しましたように、現代数学とは『**対象を抽象化し、分類し、その関係を論じることにより対象の本質を抉りだす**』学問です。ここでいう「本質を抉りだす」とはなにかと思われるでしょうが、これは「シンプルな言葉で現象を述べられること」と考えればよいのです。

フェルディナン・ド・ソシュール
(1857-1913)

シンプルな言葉とは「中学生でも判る」という意味ではありません。言語学者ソシュールが一九世紀末から今世紀初頭に構築した記号論で示されたように「表される概念」は「それを表せるもの」があって初めて表現されます。「微分という概念や記号を使わずに、放物運動を記述するのはとても困難である」という事実もそのあらわれです。

一旦微分や積分を理解した後においては、放物運動はとても容易に理解できるようになります。これが「シンプルな言葉」で述べるということです。記号論の意味では、微分記号という言葉（「表されるもの」）が導入されることで初めて微分方程式という概念が構築され、放物運動も初めて理解できるということです。それができるようになれば、「本質を抉ること」ができたと言えます。

アルゴリズムの語源となったアル・フワーリズミーというイスラムの数学者がいます。彼は9世紀に「インド数字による計算方法」や「アル・ジャブル（アルジェブラ＝代数の語源）とアル・

ムカーバラの計算の書」を著しました。彼の時代においては、現在我々が当たり前に行う十進数の位取りの計算方法や等式の変形などの代数計算はとても難しい概念でした。そこに書かれたものは当時「シンプル」ではなかったわけです[65]。しかし、現在では十進数の位取りなどは小学校の低学年で教わり、2次方程式の解は中学校で教わります。デカルトが編み出したxやyによる代数計算のお陰でとてもシンプルに解くことができるようになりました。これは先に挙げたぐちゃぐちゃした鶴亀算が代数方程式を習うとすっきりと判る事の歴史的な由来です。新たな言葉により現象を捉える概念を支配し、現象の本質を表現することで、現象

アル・フワーリズミー

ヘルマン・ワイル（1885-1955）

を制御できるようになるのです。「代数的な問題は x や y を使って代数的に解くべし」というのが、代数的問題の本質です。今ではそれはとてもシンプルな考えです。

4. 大局と局所

現代数学の大局・局所的考察とは、「部分と全体の整合性を論じること」です。

現代数学では、幾何学と代数的思考が既に融合しています。「幾何学対象を部分に分けて、それを繋ぎ合わせる」という事が実際に行われています。これはワイルという二〇世紀初頭の大数学者による方法です［80］。

互いに重なり合う地図を多数用意して、その重なり具合のデータで大局的な振る舞いを理解し、それぞれの地図で局所的な情報を得るのです。重なり具合とは隣合う地図同士の繋ぎ合わせ方を決めるという事です。細かいところを見るときには細かいデータを持つ局所データを使い、全体を見るときには、その繋がりのみに注目するのです。地球の表面を小さく細切れの状態にしてもその繋がり方が判れば、地図を右へ右へ右へと進んで、元の場所に戻って来ることができたりします。地球が丸いということは繋がり方が判ればよいということです。

記号的には「繋ぎ合わせる」＝「関係を論じる」＝「代数」というイメージです。代数という言葉になることで、全体の構造を言葉で表現でき、様々な構造の違いや同一性を議論できるようになるのです。

このような大局的なものと局所的なものを取り扱う枠組みを現代数学は持っています。

5. 厳密な確率論

代数幾何でフィールズ賞を取ったマンフォードは一九九九年に出版したAMS（米国数学会）の書籍の自分のエッセイ[60]のイントロダクションにおいて、「私は実は生まれ変わって確率論信仰者となった事を白状しなければならない。先週Dave Wrightが私に、私の代数幾何時代の大学院生に与えた『君達、統計学の勉強なんかで時間を無駄にすることはしない事だ、あれは料理本のようなものだ』というアドバイスを思い出させてくれた。今、それを取り消したい。」

アンドレイ・コルモゴロフ

(1903 - 1987)

と述べ、確率論の時代の到来について二一ページに渡って語っています。

二一世紀は確率論の時代です。

この確率論を厳密数学としたのはコルモゴロフです。彼は確率論を測度論と結びつけ、確率論を現代数学として高度な科学に磨き上げたのです[22]。コルモゴロフのお陰で、確率論は難解になった分、システマテックに厳密に事象の確率が計算できるようになりました。

6. 数学で答えは一つではない

現代数学は曇りのない厳密性の上に構築される学問です。しかし同時に、現代数学には「ルールを変える」という考え方もビルトインされています。

（a）例えば、「位相幾何学」という分野があります。そこで定義される位相というものは、現代数学の基礎をなしています。位相というのはルールのようなものです。サッカーでは手を使ってはいけないけれど、ラグビーではOKとか、ラグビーでは丸いボールはダメだけれど、サッカーではOKといったスポーツのルールを考えれば自明のように、ルールが異なればOKの基準が異なってきます。

位相幾何学の位相はそういうものに似ています。基準となる位相を変えると、真が偽になったりします。つまり、位相Aでは「正しい」とされた命題が位相Bでは「正しくない」となったりするのです。

（b）また、次の節で述べますが、情報科学の発展に影響を与えた圏論という抽象代数の一分野があります。これは阿吽の呼吸を数学化したものとも言えます。ここでも、ある圏で正しい命題が、別の圏では間違いということが起こります。

さらに言えば、条件を厳密に規定するのが現代数学ですので、その規定された条件によって、真となる命題が偽となったりする事は数学の各分野で日常的に起こっているのです。

（c）集合論には未解決な問題がたくさんあります。そのひとつに「選択公理」というものがあり、これは正しいか正しくないかが未だに証明されていません。現在の数学は厳密に言えば、真か偽かという判断の前に、「選択公理を正しい」と仮定するか仮定しないかをまず選び、それから数学を構築しています。選択公理と呼ばれる公理を「正しい」とする数学と「正しくない」とする数学が両立することも証明されているようです。通常は前者の数学を利用しますが、後者の世界も存在するのです。

このように選択公理を仮定するか否か、どの位相を使うか、どの圏を使うか、また条件をどうするかは、数学を利用するユーザーが決めることです。もちろん、位相といってもめったに使われない位相もありますが、いずれにしても、何を使うかは使う人が定めてよいわけです。つまり、（少し言い過ぎかもしれませんが）現代数学において、ルール＝常識はいかようにでも変更できるのです。位相を変えたり圏を変えたりする事によって「真理は変更するものなのだ」ということに気づけることも、現代数学を学ぶことの有用性のひとつです。

何か先験的に真理が存在していて、それを理解するのが大事と考えるのは前近代的な発想です。ガリレイの発想はそういうものでした。（哲学者フッサールはそれを批判しました。）少なくとも数学的な「真理」の前提条件をも恣意的に選択することができ、それによって初めて意味をなすというのが現代数学です。選択しなければ何も面白いものが出てこないのです。「数学を持ち出せば答えは一つ」という一般的なイメージは大きな間違いです。現代数学における「ルールを変える」という考え方、これを理解すると、我々は実に曖昧な世界に立っていることを感じられます。自分たちが基準とするルールをまず選ばなければ、命題の真偽も答えられません。逆に言えば、基準となるルールは変更し選択することができるわけです。ルールを変更する訓練を積むことで、日本でも、数多くのルール・ブレークを誘発するアイデアが生まれ、育ち得るのではないかと私は考えています。

7. 既に、生活に入りこんでいる

これからは現代数学が重要だという話をしていますが、実は現代数学は既に我々の生活の中に入り込んでいます。ただ気づかれていないだけなのです。以下に少し具体例を挙げてみましょう。

（a）圏論とコンピューター

先にのべましたが、現代数学の中でも最も抽象的な分野に圏論という体系があります。圏論とは、点と矢印だけで数学的事実が語れるという大胆な発想の下に生まれた学問です。点と矢印だけでは何をさしているのか判らないように見えますが、阿吽の呼吸で「自然にその意味は定まる」のです。

この圏論は、情報科学の創成期にその学問の方向性が定まる際の基礎となりました。ここで点をコネクター、線をコードだと考えると、それとよく似たものが我々の日常生活で見かけられます。例えばＵＳＢケーブルは、ハード・ディスクに繋がっている時はデータの保存や抽出のやり取りをしますし、プリンターに繋がっている時はプリントするデータのやり取りをします。単に充電するだけの場合もあります。

これがすなわち、場に対応して意味が定まるということです。

日常的な動作を考えてみれば、右手を差し出す動作は、コンビニのレジではおつりをもらうという意味であり、病院の診察室では脈を測ってもらう、あるいは注射を打ってもらうという意味であるように、その場面によって自ずと定まっています。

そういう阿吽の呼吸を恣意的に考察する際、圏論というものが活躍します。それは初期のコンピューター言語の発展に寄与し、現代的な情報処理を基礎で支えています。

(b) 暗号とフェルマーの定理

ピエール・ド・フェルマー
(1608 -1665)

生活に入り込んでいる数学のもうひとつの例として、暗号化技術があります。インターネットを利用して重要な情報のやり取りをする際に必要となる暗号化技術には、様々の方法が提案されています。その中でも公開鍵暗号、例えばRSA暗号として知られているものは既に様々なところで活用されています。このRSA暗号は整数論と深く関わっています。すなわち、整数論において重要なフェルマーの小定理に関わるものなのです。また、RSA暗号より安全性が高いとされている楕円暗号は「整数係数の楕円曲線上の加法定理」というものを利用して構成されます。「整数係数の楕円曲線」とは整数論の源泉でもあり、少し前に解決され世界をあっと驚かせたフェルマーの大定理とも関係します。デジタルな世界は0と1の世界です。それらは離散的な数である整数に関係するものです。そこで活躍する情報理論である符号理論にしても、暗号理論にしても、整数論に関係することなくしては発達できないのです。つまり、今後もデジタルを基本とする世界が継続してゆく限り、整数論や有限体上の代数幾何などが我々の生活の中で活躍することは確実です。

（c）医療の現場

近年、医療機器や技術が高度に発展して、内臓や脳の断面の画像等がリアルタイムで見られる時代となりました。その先駆けであるＣＴスキャンはラドン変換という数学的な操作によって成り立っています。Ｘ線を当てたり、高磁場を加えることで、身体の内部の状況のデータが外部に放出されます。放出されるものを散乱データと呼びます。散乱データを活用して中身を同定してゆく仕組みを提供するのが数学です。

物質の中に信号を送って、その反射、透過、散乱データを利用して物質の中身のデータを再現するという問題は「逆散乱」という数学の分野です。現代数学の視点からも興味深い問題です。

近年は更に、それらを誤差込みで読み取ってゆく確率論的なアプローチも考慮されるようになっています。

ラドン変換によって、数学と医療は強く結びつきました。最先端の医療を支えているのも数学的な思考であるという好例です。

(d) 人工知能

チェス、将棋に続き、囲碁においても、人工知能がプロ棋士を負かすという事態が話題になっています。これは二〇世紀には想像できなかったことです。その背景には計算機のハード面の発達と共に、ディープ・ラーニングという新たなアルゴリズムの発展がありました。「ディープ・ラーニング」という言葉に馴染みの無い方も、階層的にマルコフ過程を利用した学習や、階層的なニューラル・ネットワークの一種と捉えればある程度イメージがつくのではないでしょうか。

階層的な対象を数学的に取り扱う方法は、代数学、代数幾何や整数論などで研究されました。その手法そのものではありませんが、階層性の取り扱いは、ディープ・ラーニングでも使われています。

このディープ・ラーニングは、自動車の自動運転などで利用されてゆくだろうと報道されています。完全な自動運転の実現を待たずとも、工場の現場、コールセンターや、電気機器、駅の自動販売機で利用されることはそれ程遠くないことだと思われます。

そして、人工知能が人間を超えるだろうと言われている二〇四五年問題も現実に近づいて来ています。現代数学がますます活用される未来は我々の近くまで来ているのです。

言葉としての現代数学

現代数学が高度化された技術を表す言葉となる

ものづくりの数学では、技術者が現代数学を道具として使いこなすことを目指します。数学を道具として使いこなすとは、現象を言葉として表現し、その言葉を利用して計算や論理を進めて、そのことによって現象を予測したり制御できるようにすることです。

ダ・ヴィンチが述べたように工学は数学の楽園です。この技術と数学の関係を理解することが肝要です。

技術と数学の関係については、現象学を打ち立てた哲学者フッサールが緻密に検討を行いました。フッサールは「技術の言葉であったものの、ある種の極限を取ったものが数学である」と考えました。そして幾何学の起源を、計測技術と幾何学との関係という視点から論じました。丸いものの極限として円というものが定義されたり、太さのあるまっすぐな線分の極限として厚みのない直線が定義されます。幾何学は測定技術者の技術的な概念の極限によって形成されると言っているのです。従って、幾何学以外の数学においても、数学が技術のある種の理想状態を表現する言葉として現れるのは自然なことです。

逆に数学を利用して技術を記述しようと考えると、極限操作を緩和させる必要があります。厚みが定義できない曲線から実際には厚みのある曲線を想像したり表現しなければ、現実と理想とは対応しません。

フッサールは、数学が技術の極限操作によって生じるという考察をすると同時に、安易な極限操作に対する警鐘も鳴らしています。安易な極限操作は現実からの乖離を起こし、それだけではなく「それらに一種の美意識を感じることで、人々を間違った方向に導く」というのです。技術も含めた現実の世界と数学との対応を見誤ってしまうと、現実を表現する事は望めません。さらには「数学的にゼロが理想であるからゼロを目標にすることが何よりも正しいことである」といった極端な考え方まで生んでしまうのです。

フッサールは哲学的な視点から極限操作を考察したのは、誤った極限操作が人類に不幸に導くのではないかという危惧からでした[44]。これは、第2章で取り上げた『「不良品ゼロ」は最良のスローガンか』という問題提起に繋がるものです。

現代数学が異なる技術分野を橋渡しする言葉となる

二一世紀に入って、数学が新たな技術を産みだす時代になっています。その大きな役割として挙げられるのは、異なる技術分野を結びつける言葉としての機能です。しかし、異なる技術分野を結びつけることは、現代科学論においては困難な作業として知られています。その現代科学論について少し紹介しておきましょう。

現代科学論の基本の登場人物はポパーとクーンです。

ポパーの反証主義とクーンのパラダイム

科学研究者ポパーは一九三四年に出版した「科学的発見の論理」の中で、科学においては「反証」という操作が本質的であると主張しました。科学の中の命題は反証されるまでは「正しい」とされる、という考え方です。

彼は「科学は正しいことを示す」という実証主義などというものは幻想であり、「科学の命題は間違いということが判るまでがその寿命である」と主張しました。この「反証」という操作によって科学は発展してきたのだとポパーは述べたのです。科学とは実証主義であるという素朴で古典的な考え方に反対するポパーの主張は、かなりラディカルなものでした。

ポパーに反対しポパーより更にラディカルな立場に立ったのがクーンです、彼はポパーの主張する反証主義のような状況は科学の歴史の中で多くは存在しなかったと反論し、パラダイムという考え方を提唱しました。パラダイムとは平たく言うと、科学者（専門家）集団の中に存在する暗黙の合意事項のようなものです。科学者集団にはある種の合意、つまり約束事が必ず存在します。

そうした約束、すなわち一種のタブーや慣習を、演習という訓練を経て会得することで、その科学者はコミュニティの一員として認められます。クーンは自身がパズルと呼んだ解くべき問題が各分野に存在し続ける限り、その学問分野が存在すると言います。

解くべき問題（パズル）がなくなったり、社会や自然現象の実験結果などの外部環境の変化により矛盾が生じてくると、この集団と彼らが合意していた前提条件（タブーやアド・ホックな仮説）が崩れます。そして新たに出現した外部環境に対応した合意事項が生まれ、それに基づいた科学者集団が新たに形成されるというのがクーンの見方です。

現在ではクーンの考え方の方が主流であるように思います。私自身も複数の技術分野の研究・開発に携わり、更に複数の数学分野、理論物理の分野などの論文を書く中で、それぞれの学問グループを外側と内側から眺めていますが、クーンの主張はとても自然に思われます。科学とはそういうものだという見方は実に的を射ています。

数学を利用すれば、通約不可能性を克服できる?!

クーンは各分野間にはそれぞれのパラダイムが存在しており、異なる分野間の議論は原理的に不可能であると述べました。「通約不可能性」というものです。

パラダイム論に立つと、パラダイムの中にはアド・ホック（先天的）な前提や一種のタブーが存在し、例えば同じ言葉でも意味が異なってしまっていたり、禁止条項が異なるなどにより、パラダイム間の意思疎通は原理的に不可能であるという主張が自然に導かれます。例えば、質量という同じ言葉を使っていても、ニュートン力学、一般相対性理論、量子場の理論ではそれぞれ意味するものや、役割が全く異なっています。

ゲシュタルト転換（うさぎ or とり）
≒パラダイムシフト

他方ポパーは、クーンの主張するような通約（共約）不可能性と呼ばれる困難があるとしても、それらを乗り越えて真偽を定め、新たな科学を構築できると主張しました。ポパーとクーンの主張は一九七〇年代とても大きな論争となりました。

二〇世紀が終わろうとした一九九四年にギボンズは「現

代社会と知の創造」を著し、モードという概念を提示しました[14]。モードはクーンのパラダイムを超えるための新たな軸の提示でもありました。モード1はここで述べた個別の学術分野が中心となる思考体系であるのに対して、モード2は既存の学術領域を超えた思考体系であるとしました。大学と産業界での技術の共同利用や学術間の融合など、当時としては先駆的な概念が述べられ、それらがモード2において実現するとギボンズは述べました。社会変化により、学術社会も含め社会はモード1からモード2への移行しゆくものとして、その移行は二〇世紀後半から既に始まっていると主張しました。このモード論の概念の下では、本書もギボンズの主張の枠内であると言えるかもしれません。

しかし、モード1からモード2への移行はそれほどスムースとは言えません。特に、クーンのパラダイム論や通約不可能性の問題を避けることで唱えられたモード論には、現実との乖離があるように感じます。ギボンズの提示したモード2への移行を広い意味で捉えると、モード2の移行は、本書で取り上げるように、現在、実際に直面している課題と見ることができます。その際、通約不可能性の克服が大きな鍵となっています。

つまり、二一世紀、技術が多様化している中で新たな技術を産み出すためには、この通約不可能性を克服することが求められます。それは力ずくでも克服しなければならないハードルです。そのために使える共通用語を、我々は構築しなければなりません。

私はそれらを克服する手段として、共通用語として現代数学が有効なのではないかと考えています。

数学はユニバーサルな言葉です。しかも技術や科学を語るに最適な言葉です。更に現代数学は、十九世紀までの数学より遥かに高い柔軟性と厳密性を有しています。柔軟性をも持つ言葉を経由させることにより、異なる分野の現象を同時に俎上に載せ議論することができるのです。

それは即効性のある手段ではないかもしれませんが、遠回りであれど数学を糊しろとして通約不可能性を一歩ずつ改善してゆくことが科学の諸分野を融合へ導く王道であると私は考えています。

3つの危機とものづくりの数学

第2章で述べた「3つの危機」に話を戻しましょう。この3つの危機に対して、どのように対峙して行くべきなのか、私の考えるビジョンについて述べたいと思います。

危機1　技術のコモディティ化

技術のコモディティ化に対抗するには、

1．更なる技術の高度化や技術の差別化をはかる。

2．コモディティ化を受け入れ、コモディティ化した技術を編集するがごとくデザインし、システム化によって魅力を引き出す。

この2つの選択肢が考えられます。

後者は危機2で述べることとし、ここでは前者の対抗策に焦点を当てます。この場合は、開発を更に効率化し、より高度な性能を目指すことになります。その際の鍵は数学的モデルです。高度な機能を提供する現象を数学的にモデル化することができれば、それにより現象を予測できるようになります。現象を予測できれば、制御することも可能となります。また、数学的なモデルにより計算機シミュレーションが可能になります。机上の計算機シミュレーションの活用により、モノを実際に作らずに検討できるようになります。数多くの検討ができ、実験データの補間も机上で済み、より迅速でかつより効果的な研究開発が実現できます。

より高度で複雑化した現象を解析するには、より高度な数学的モデル化が必要となります。その際、現代数学的な考え方が必須となるケースが数多く出てくると予想しています。
この高度な数学モデルが鍵となるのです。数学モデルについては次で詳しく述べます。

危機2　技術のシステム化

システム化に対抗するためにはシステムの解析を行う必要があります。その際、まず定めなければならないことが2つあると考えています。

1．対象のどこまでをシステムだと考えるか？

2．システムの個々の要素をどれだけ抽象化するか？

これらが定まった後ならば、システム最適化等の教科書レベルの事を適用すれば答えは出てきます。しかし、この2つを定めることがとても難しいのです。

現代数学の枠組みの中には「大局的な視点と、局所的（ミクロの）視点を融合させ、いくらでも厳密化できいくらでも曖昧化できる」仕組みが組み込まれています。微分幾何も、代数幾何も、位相幾何も、算術幾何も、現代数学で「幾何」と名の付く分野においては、この仕組みが各系で構築されており、本質を取り出しているように見えます。

システムは階層化されています。そして、各階層のシステム全体が見えているのはそれぞれの階層の現場の技術者です。ですから彼らが数学的視点を持ち、各階層で現代数学的な数学モデルを構築できれば、それらを統合することで全体像が得られるのです。数学はユニバーサルな言葉です。多少の調整は必要ですが、現場の人間が関わることによってシステム全体のモデル化ができ、先の2つの点を特定できるような高度なシステム設計が可能となると考えます。ここで言う現場の技術者とは、販売や物流、生産、購買も場合によっては含まれるものです。

同時に、モデル化したシステムに対して、高度な最適化手法の開発も求められています。こちらは現場の技術者よりも、大学等のアカデミック側において研究開発されるべきものと私は考えています。企業も大学をもっと利用すればよいのです。

また、ハイエクの指摘の通り、市場全体の状況の把握は不可能であるという事実を受け入れた上で、経済活動において完全な最適化は不可能であることを前提とすべきです。そのため、確率論的な考察も必要となると考えます[2]。

危機3　製品のライフサイクルの短縮

危機3はとても深刻な問題なので、少し長く書きます。製品のライフサイクルの短縮に対しては、スピード感のある決断ができる環境を構築することが対処方法となります。決断を下すのは人間ですが、判断材料を提供できるのは数学です。目指すべきは様々な対象を数学の言葉で記述し、対象を客観的に眺め直し、システム全体を俯瞰するデータに基づいた判断を数値に従って行える環境です。

数値にするということはとても困難な作業ですし、それが数値で測れるものなのか議論が生じるケースもあるかもしれませんが、最終的な判断は量的なもので判断すべきです。白黒がはっきりする場合は単純に答えがでますが、残念ながらそのような状況は例外的です。よって、数値化は必須で、逃げられない方向です。「何を測るべきか」を延々悩んでいては仕方ありません。陳腐な量を測ることは無意味ですが、まず測ってみるという姿勢は大切です。何を測るかは、恣意的な考察によって決めるべきです。また、数値化おいては投資対効果を常に意識しておかなければなりません。IOTの時代です。恒常的に人件費を費やすような仕組みでなく、一度、投資すれば後は自動的に情報が収集できるような仕組みであることが望まれます。また、ビッグデータから有意な情報を抽出するデータ・サイエンティストが必要となり、その活躍が期待されます。

一旦、その仕組みが出来上がれば、数値の時間的な変化がデータとして得られ、売上のような、他の指標となるデータとの関連性の解析も可能となります。科学的なノウハウが蓄積され、それらのデータにより判断ができるようになります。

開発、生産、販売などの、企業活動に関わる様々な場面で、重要な指標が数値化できれば、スピード感のある対応が実現できます。少人数でデータに基づく判断が可能となります。それが迅速な対応の鍵となるのです。

但し、個々のデータは確率論的判断の成功率を上げることにしかできないこともよく理解しておかなければなりません。ハイエクが主張するように、経済的な判断は、現在の状況を完全に把握することなく行うものです。つまり、それが確率的な行為であることを真に理解できれば、「現状を継続すること」と「現状を変更すること」はどちらも長期的には確率論的な現象であることに過ぎないことが判ります。また、確率論的な判断を躊躇することから生ずる問題点もあきらかにできます。そして、最終判断は人に委ねられるものです。

技術マネージメントの問題点は、決定論的な世界観です。過去の失敗例や成功例を解析して、結果論として「どう進むべきか」が述べられます。「こうしたから、こうなった」という決定論的な考察により、科学的に数値をたくさん集めれば、方針が定まるとしてしまっています。しかし、ハイエクが主張したように、経済は平衡状態ではなく、常に非平衡で極めて非線形性の強いダイナミックな現象です。原理的に確率論的に議論するしかないものです。

私が入社した頃は、キヤノンにも販売実習というものがあり、新人は一ヶ月半の間キヤノン販売の営業所で研修を受けました。当時のキヤノン販売の滝川精一社長の言葉は、今でも鮮明に覚えています。「逃げるな、嘘をつくな、数字に強くなれ」［29］です。まだ新人だった私はなんとも語呂の悪い言葉だとと感じました。しかし、これはキヤノン退職後の今でも時折、思い出す言葉です。とてもシンプルで、企業人として、組織人として、私たちが進むべき道を説いています。

数字は人を動かします。数値データをバックデータとした話をされると、なかなか否定できないものです。日本人はその特性のため、製品のライフサイクルの短縮の危機を乗り越えることが困難であることを先に述べました。その困難を乗り越えるためには「数字」を伴った議論ができる資質と、逃げない資質が必要です。

ＩＯＴとビッグデータを活用し、判断の成功率を高めるために、様々なものを数値化し、データ化し、グラフ化し、可視化し、それらを基にして「逃げずに真摯に」危機に対抗する策を練るべきです。数値化では、失敗に関するリスクも常に勘定しておかなければなりません。どんなにビッグデータが活用できるようになっても、判断は本質的に確率論的なものであるということを理解して、結論を出すのです。「やめるべき」と思えば「やめる」、「取り組むべき」と思えば「取り組む」のです。

もちろん、もう少し直接的な方向としては、ドイツが提示するインダストリ4.0などの流れに乗るという対応策が考えられます。企画から、設計、生産、流通、販売までを一気通貫で管理するSCM（サプライ・チェーン・マネージメント）の高度化や、インダストリ4.0で注目しているSOA（サービス指向アーキテクチャー）の推進を目指します。SOAとは、例えば顧客が自分好みの仕様で製品を注文すると、その注文書に従ってそれぞれ異なる仕様の商品を工場のロボットが製作し、顧客に届けられる、というようなものです。さらにそこで行き交うデータを解析し、顧客の要望や傾向を今後の製品企画にフィードバックをかけます。ここでも、ビッグデータの解析には、高次元のパラメーター空間のデータから意味のあるデータを抽出するデータ・サイエンティストの活躍が期待されます。ここで使われるのも、高度に抽象化された数学です。

このように現代数学を利用した高度なモデルは3つの危機の対抗策それぞれにおいて重要となると言えます。

第2章の最後にこの数学モデルについて述べることとしましょう。

数学モデルとは

数学モデルの構築とは3つの過程で定まります。

1. 対象の特徴を決定する量を同定する
2. その量により、ものごとを抽象化・類別する
3. その関係を論ずることができるようにする

ケルビンは一八八九年に「数値になれば科学にできる」と言いました[19]。対象を数学的なモデルに置き換えることができたなら、数学的考察を行うことができるのです。対象を数学によって記述できるようにする、すなわち「現象を数学の言葉で記述する」ことが肝要です。更に数学の抽象性を利用することで共通言語にするのです。

高度なモデル化を行うためには現場の知見と現代数学の両方が求められます。

「数学モデル」とは「物理学」のことであるとする見方について私の見解を述べておきましょう。

「物理学」というのは「物（モノ）の理（コトワリ）を研究する学問」だと考えると「数学モデル」

ケルビン（ウィリアム・トムソン）
(1824 - 1907)

と「物理学」を同一視することは正しい認識です。しかし、すでに「物理学」には様々分野が存在し、個別の専門分野がすでに存在します。ですので、本書では二つを同一であると考えていません。本書では、現代物理学などで取り扱われない現象も含めて様々な現象を言葉（＝数学）で表現する「数学モデル」の構築について述べます。しかもそれはこれまで誰も扱っていなかった現象の数学モデル化についてです。それは既に研究者が多数いる既存の物理学とは区別した方が判り易いと考えています。つまり、スピリッツとしては同じものですが、本書では両者は区別することにします。

複雑化した技術を数学モデルで表現し、制御する

技術は高度化し、複雑化しています。例えば、ビッグデータから有益な情報を引き出す際には、膨大なデータを取り扱わなければなりません。そのためには、多量のデータを取り扱う言葉が必要です。技術の現場や、ＯＲを適用する際にも言葉が必要です。工学部などで学ぶ工学数学だけでは表現できないものも、現代数学ならば表現できます。現代数学にはどのような複雑な構造をも表現する能力があります。

先に述べたように私は現代数学を利用して対象を表現する数学モデルを構築することにより、前出の３つの危機に立ち向かうことができるようになると考えています。

1. 技術のコモディティ化については、技術の優位性を保持するために、開発を効率化し、より高度な性能を目指すことが必要です。そのためには現象の**数学モデル**を構築し、計算機シミュレーションによるモデル・ベース開発により試作回数を削減し、より画期的な発明に繋げることが鍵となります。

2. 技術のシステム化に対しては、対象を抽象化し、システム全体を俯瞰可能にすることが肝要です。対象の抽象化とは**数学モデル**の構築です。抽象化した対象達を現代数学の大局・局所的考察を援用することでシステム全体の最適化を行うことが期待できますし、確率論的モデルにより確率論的な議論も期待できます。

3. 製品のライフサイクル関しては、開発・生産・販売行為自身を現象として**数学モデル**を構築し、オペレーション・リサーチ等を適用し、統計学等により解析し、

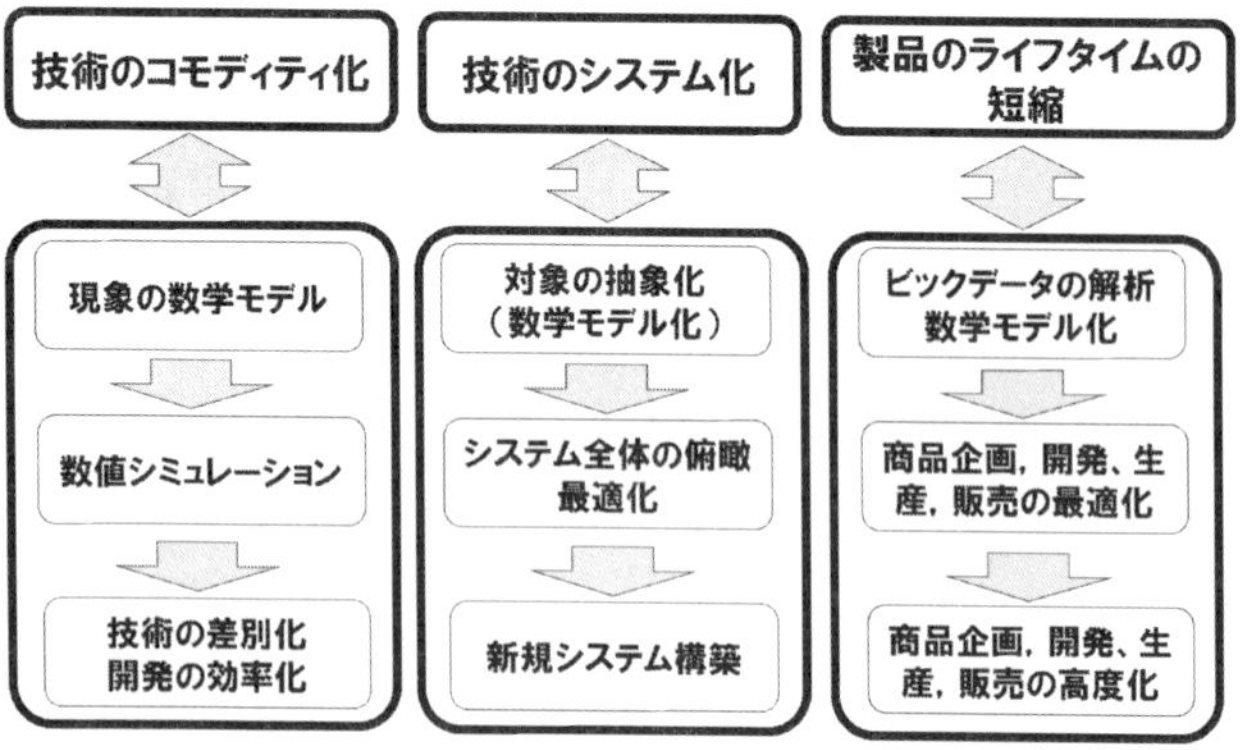

図2・9：3つの危機を回避するための戦略

選択と集中を行う事で、ライフサイクルの短縮に対応することが望まれています。

モデル・ベース開発は、基本は機器の制御系の組込ソフトウエアに対して行われた手法です。開発の初期段階から、モデルを活用し、ソフトウエアの活用時のシミュレーションと検証を繰り返してバグを取るなどする手法です。自動車のソフトウエアの開発で成功をおさめています。さらに、様々な現象を数値シミュレーションできるようになると、ソフトウエアのみならず、ハードウエアもこのような考え方で開発ができるようになります[10]。

高度な数学モデル構築の例

高度な技術に関わる物理現象、社会現象を数学的に記述する数学モデルは、実際に活躍しています。その具体例をあげてみましょう。

1. インクジェットプリンターのインク吐出部の流体のモデル化

付録に詳細を載せましたが、特異点論の初歩を利用することで、インクジェットプリンターの微小部分の流体の計算機シミュレーションが可能となっています[58]。(付録を参照) 特異点は、フィールズ賞を獲得した広中が研究した特異点の解消に関わる話題です。

2. キー部材の設計にパーコレション理論を利用したモデル化

ナノテクノロジーの一環として利用されている部材の材料設計において、パーコレーション理論を援用しました。このパーコレーション理論は二〇〇六年と二〇一〇年のウェルナー、スミルノフが受賞したフィールズ賞に関連する確率モデルでもあります。更にこの解析においては、純粋数学でのみ語られるような擬等角写像や、解析学で注目されているΓ収束などが重要な役割を果たします。純粋数学のとても深いところには応用的なものが広がっているという好例です[57]。（付録を参照）

3. 曲線論を利用した形状認識モデル

海外での認証では印鑑の代わりに自筆によるサインが使われます。サインを行う際の形状認識においては曲線の認識が必要となります。平面に書かれた曲線形状はとても面白い数学分野です。フィールズ賞を取ったマンフォードも曲線形状について興味深い研究をしていますが、私も長らく、その形状の分類の研究を行ってきました。サイン形状の認識に数学の曲線論を適用するのはとても自然なことです。それが特許となったりします[53]、[56]。

4. 階層的格子を生成する方法

計算機シミュレーションにおいて、詳しく計算したいところだけ格子を細かくする階層的格子はとても有用な手法です。形状の表現に階層的格子を利用し適切な格子の構成する際に、幾何学的な双対性が活躍します［55］。

5. エンジンの燃焼モデルの高度な構築

ライバル関係にあるトヨタとホンダは、エンジンの燃焼の数学モデルを構築するために九州大学マス・フォア・インダストリ研究所で共同研究を行っています。数学のとても深い部分は共通であり、かつ競争前の共同研究として知られるPrecompetitiveの一環と言えるものです。

6. 高度な画像再構成

シーメンスは、プリンストンに研究所を作り、医療分野に数学をシステマティックに取り入れるために純粋数学者との交流を行っています。

7. 計算代数幾何を利用したロボットの制御

GMは、より複雑な関節を持つロボットの構築に向け、計算代数幾何を利用した方法を研究しています。例えば、蛇のような関節を持ったロボットは人型ロボットが入っていけない場所での作業に有効であるように思われます。その各関節の制御はユークリッド空間の動きを示すSE（3）の直積群内の条件式として連立した多項式の共通根を満たすものに対して定式化されます。そこでは現代的な抽象代数幾何が極めて有効となります[79]。

8. ネットワークシステム

複雑化したネットワークを無矛盾に制御するためには抽象化が必要です。フィルター性を利用したシステムを圏論やこれらの抽象代数を利用して構築してゆく試みがなされています[27]。

3つの危機を回避し、日本人の強みを活かして、再度「ものづくり」を復活させるためには、高度なモデル化ができる能力を持つ人材を多く輩出させることが肝要だと考えます。キーとなる現象をモデル化できるようにすることができれば、システム全体を俯瞰して眺めることができるからです。

そのためには、現場の技術者が、現代的な数学を道具として捉え、取り入れてゆくということが求められていると感じています。

時代は大きく動いていますが、技術と数学の両方の言葉が語れるバイリンガルな技術者が増えれば、日本のものづくりも、時代の変化に対応して行けるようになるでしょう。

第Ⅱ部では企業時代に見聞したことをベースに、実際に現場で数学が如何に実践的に活用できるかについて語ってみたいと思います。また、第Ⅲではそのような技術者になるための方策について述べてみます。

第Ⅱ部

現場でのものづくりの数学活用方法（実践編）

第3章　ものづくりの数学：現場サイドから眺めてみると！
第4章　現場の課題解決に数学を活用するための六ヶ条
第5章　数学モデル構築のための七ヶ条

私の企業人生活は、偶然にも数学と技術の融合の創成期だったように思います。それはとても楽しい時間でした。私は地方大学の素粒子論の修士を出た後、キヤノン（株）に入社し、その後、数値解析を中心とした業務に携わってきました。

素粒子論の一九八〇年代中盤は、現代数学と理論物理がぶつかりあうとてもホットな時代でした。当時、流行の研究は「紙と鉛筆」のみを道具として、現代数学を使って世界をエレガントに読み解くというもので大変刺激的でした。大学時代にその洗礼を受けた後に企業の技術者としてスタートが切れました。

当初の二年は半導体製造装置である半導体露光装置の位置合わせ制御に関わる画像解析、その後は、新規の材料やデバイスの数値解析を行いました。企業での実課題に対しても計算機シミュレーションをなんとか適用でき、有効性が認知されるようになった時期です。

キヤノンには、レンズ設計という観点から早くからこのように製品を数学的視点から考え、数学的な理論に従って製品開発を行うという伝統がありました。もちろん、より実際的な実験データを只管、積み重ねる技術文化も共存していましたが、総じて光学メーカーとしての文化は継続されていたと思います。実際、経営層レベルでも、大型コンピューターを導入し、それによって製品開発を行うという事を奨励していました。

企業の現場の研究開発は、大学で行うものとは全く異なるものです。しかし、「数学を使って世界を読み解く」という意味ではよく似たところもあります。いわゆる新しいデバイスや新しい材料の開発に向けた基礎的な研究はたくさん行いました。それらは機密の関係もあって論文になることはありませんし、そもそも、内容が個別な問題ですので、全世界に数十人、数百人、同じ種類の研究をしている研究者が居て、解決したら喝采を受けるようなものでもありません。仮に論文にできたとしても、地味なテーマだなぁと思われるだけだったでしょう。

それでも、それらの基礎的な研究では誰も考えていない問題をじっくりと考えることができ、とても刺激的でした。それらの問題には派手さこそありませんが、本質的なものが多いのです。アカデミックでは「難しすぎて取り扱えない」問題を実際の実験データを基に考察することもできました。難しすぎる問題とは、例えば、「量子と古典の対応関係」や「破壊現象」などです。

こうして二六年間キヤノンで行ってきた研究が、この本で取り上げるものづくりの数学の原型となっています。大学は研究成果を公表することが前提ですが、企業ではそうではありません。そのために企業での研究のレベルは評価されることがありません。企業にはそのような表にでない知見がたくさんあるのです。それが日本の技術力です。それを数学を援用することで効果的に利用してゆく方法について述べたいと思います。

第3章　ものづくりの数学　現場サイドから眺めてみると！

この章では、ものづくりの数学を現場サイドから説明したいと思っています。企業の現場には現場ならではの数学があります。その中でも製造の現場にある数学が、ものづくりの数学です。他方、数学はアカデミックの中で長く育成され、成長してきた学問です。アカデミックというのは大学や公立の研究機関などのことです。

ものづくりでの数学に長く携わった経験を基に述べれば、現場の数学とはとても面白いものです。他方、アカデミックな方々のお世話になりながら純粋科学、純粋数学の研究を行い、論文を書き、海外の研究者と交流してきた立場から見ると数学に限らず、大学の自由な研究は、またとても刺激的で面白いものです。

しかし、アカデミックと企業の立場は大きく異なります。その違いをきっちりと理解し、その違いを前提として、よい協力関係ができれば新しい世界を構築できます。

数多くの成功した産官学連携の事例のように、今後、数学分野においても、大学で育成された数学を上手く利用して産業、特に製造業において新たな製品が開発・生産される事例を増やすことが目指すべき協力関係です。

それらを上手く融合しようというのがものづくりの数学です。あなたに「自分も数学を自在に操れる技術者を目指してみよう」という気分になって頂ければこの章は成功です。

ものづくりの数学は教科書の中にはない

冒頭で述べたようにものづくりの数学という学問分野は存在しないと私は思っています。

技術の考え方にはシーズ指向とターゲット指向のものがあります。大学で行われる研究は基本シーズ指向で、他方、企業の現場はターゲット指向という話をしました。

新しいデバイスや新しい材料、新しいシステムを作り出すためには、

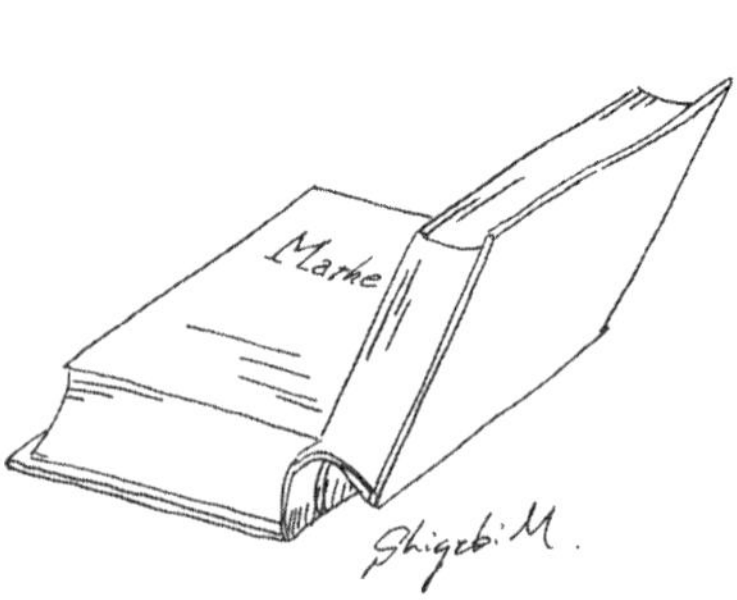

その現象のある部分を制御せねばなりません。

新しいデバイスや材料、システムに関わる現象を数学モデルとして構築できていれば、それで様々対応ができるようになります。あるパラメーターを動かしたときに、現象がどう変わるのかが判れば、基本的に制御可能となるのです。大事な事はパラメーター空間の同定と、パラメーター依存性が予見できることです。そうすれば設計ができます。

デバイスや材料、システム開発において現象を制御したいという要望に応じて数学を利用するのがものづくりの数学です。技術が高度化した二一世紀、利用される数学にも高度化が求められる場合が少なからずあります。高度な数学も利用して新たなデバイスや材料、そしてシステムの開発を推進するための方法を提示します。

現場は面白さの宝庫

現場には、とても面白い素材がたくさんあります。アカデミックでの研究では無視できるところが無視できないというのが、その面白さの基本です。

製品に関わる様々な現象は、実験室の中ではなく実験室の外で起きるものです。理想的な状態にないため、想定外のこともたくさん起きます。そのような現象は「理想状態を仮定して」という枕言葉が機能しません。人間が人工的に作り上げた学問分野も、場合によっては機能しません。

現在の理学部の物理学科では「超低温」「高エネルギー」「超圧下」「超真空」のように、要素還元主義に則って理想状態での振舞を追及することを目指している場面が多く見られます。企業の研究は、それとは大きく異なり、要素を複合するときの現実の現象を科学的に取り扱うということが基本となります。幅広い分野の科学を横断的に取り扱いながら、欲する機能や技術を発現するために取り組むのです。

そういう理想状態ではない状態での現象は取り扱いが難しいのですが、それゆえ刺激的で、それを解明できることは科学者として至福の喜びです。またそのような複雑な現象は、新たな言葉でしか表現できなかったりします。そこで、現代数学が登場するのです。

もちろん、がっちりとした論文として発表できる素材に出会えるのは一〇年に1つくらいかもしれません。そもそも、複合的な現象にアカデミックが常に関心を持つかというとそうではありません。アカデミックでは要素還元的なものが好まれるので、論文になることはありません。それでもとても興味深いものやエキサイティングな現象が結構たくさんあります。小さな課題でも、それを数学的に表現できる現象が制御できるようになったりすると、とても楽しい気分になります。

企業には、それらの検討結果が知見として蓄積されています。企業研究ですので、それらは論文という尺度を持ちません。しかし、学問的な深さという視点から見て、アカデミックと比較して引けをとらない検討結果がたくさんあると思います。

論文にするより面白いテクノミックス

企業で行う解析の中には論文にできるものはあまり多くはありません。

科学史研究者のクーンが述べているように、そもそも論文とは専門家集団内のコミュニケーションの道具です。それぞれの専門分野には学会というものが存在し、その学会の学会誌が論文を受け入れます。そこには、学会の共通の課題があります。これをクイズとクーンは呼びましたが、それを解くことでその学問の進歩が成されます。

また、学会の共通の課題というのは幾つかの暗黙の了解の上に成り立っています。クーンはそれをパラダイムと呼びました。例えば、流体の問題において、量子力学の効果や相対論の効果などは通常扱いません。流体について考える際は、それらの効果を排除したところから始めます。それが暗黙の了解となっているのです。

しかし、企業での研究では、その課題がどこかの学会の範疇内に必ず収まるという前提はありません。そのため流体の課題と量子力学の課題が同時に持ち上がってきたりします。もちろん、企業の課題のほとんどは、機械固有の問題や、電気の教科書に既に書かれている問題ですが、理論的な検討が必要となると、一挙に問題は複雑化するのです。

課題の中では電気とメカ的なこと、材料的なことが複合したりします。そうなると教科書や、ある学会分野の範疇に完全に収まるという事は少なくなります。近年は、複合的分野という学問分野も流行であったりしますが、それらは個別性が高くなります。例えば、電気的な要素、メカ的な要素、材料的な要素の割合が異なるとその取扱いも全く異なります。材料といっても複合材料的な要素と、量子化学的な要素、高分子科学的な要素では、その考え方は大きく違ってきます。

全体が複雑に絡み合っている問題を、オーダー評価を武器に読み解いてゆくことが必要となります。機械屋も材料屋も電気屋も、それは材料起因だと言っていた課題が、実は電気的な原因であったりすることもあります。オーダー評価やラプラス方程式の解などの直観の利かないものについては、計算機シミュレーションを使って感覚を掴んでゆくのです。

こういった場合、その多くは初等的な要素の組み合わせであったりしますので、「論文としての華」

には欠けることが多いのです。また、先にも書きましたが、要素還元主義を基本とするアカデミックからは関心を持たれることも少ないので、企業での解析研究が論文になることはあまりありません。

しかし、異なる学問を使いこなす過程は大変面白く、かつとてもエキサイティングですし、学問的にも本質的なところと直結しています。

フッサールの言葉を借りれば、極限を取らない「生活世界」(現実の世界)の現象を表現することは面白いのです。そういう現実の世界を「言葉で治める」という感覚を持つことは、大学などのアカデミックでは難しいかもしれません。それができるのが、現場の楽しさ、面白さです。

異分野研究こそが非アカデミックの醍醐味

民間企業での研究とアカデミックでの研究は大きく違います。「大学の研究が最先端研究で、その知見を民間企業が実用化する」といったような、アカデミックが技術の上流側で民間企業が技術の下流という見方があります。技術マネージメント（ＭＯＴ）などでは、実際にそのような立場でアカデミックで築かれた技術を如何にして市場まで持ってゆくのかを検討し、それが民間企業の役割であるという前提に立っています[32]。多くの成功例がこの見方を支えていますが、同時に多くの失敗例もあります。少なくとも二〇世紀中盤まではこのような考え方でうまくゆきましたし、現在でも、工学系の応用を意識した分野ではある程度正しい見方ですが、もの事はそう単純ではないと考えています。近年、技術が成熟し、産官学の連携が必要と叫ばれながら、期待されるほど推進できていないと感じるところもあります。また、基礎科学系においても産官学の推進がされようとしています。基礎科学系も含め、産官学の連携がうまく機能するためにも両者での研究に対する考え方の違いを明確にしておくべきでしょう。

アカデミックの研究はパラダイムの共有によるものである

二〇世紀までの基礎科学には、その後の応用科学に影響を与えた例がたくさんありました。王立科学アカデミーや大学で研究されたことが直接、社会に役に立ったのです。蒸気機関の研究や、化学合成なども、大学で研究された成果が世の中の役にたった事例です[1]。当時は我々の生活と基礎科学との距離が遠くなかったのです。このため「大学の研究が最先端研究で、その知見を実用化するのが民間企業」といった、アカデミックが上流側で民間企業が下流という見方が根付きました。

しかし、現在の基礎科学は極端に分岐・進化していますので、それが将来必ず「役に立つ」という可能性は高くないと思った方がよいのです。

「役に立たないけれど、重要だ」はシンプルでわかりやすい概念です。それらに税金を費やすか否かの判断は、その場合極めて単純な問題となります。全く役に立たないことであったと仮定しても、宇宙の進化やリーマン予想の解決に向けた研究に対して税金を一円たりとも費やすべきでないと考える人は極少数だと思います。問題は量なのです。一千万円なのか、百億円なのか、雇用する研究者が十人なのか千人なのかという事です。

限りある予算を適切に配分するために、「選択と集中」を、明示的にあるいは暗黙の内に行うことは必須です。科学は「選択と集中」によって成り立ってきました。

また、専門家集団は学問の推進という使命を国家から委託され、自己の内部で評価・批判を行い、「学問が間違った方向に向かないよう、また正当に推進されるよう」に監視する義務があります。相互にチェックを行うのです。そのための組織が専門家集団のコミュニティです。所謂、学会と呼ばれるものです。学会あるいはその上部組織によって研究の方向性として税金を健全に利用しているか否かをチェックします。学会などによる広い意味の審査は、基本的に内向きのものです。ピア・

レヴュウ（同業者による審査）と呼ばれるものです。

科学史研究家クーンはアカデミック＝科学集団というものはとても閉鎖的なものであると述べています。（閉鎖的という言葉を明示的に使ってはいませんが、）○○学会など、専門家が集まって成り立つ組織は閉鎖的であり、閉鎖的故にそれら組織が成り立っていられる、というのがクーンが打ち立てたパラダイムの考え方です。そこで使われる用語や常識は各組織の固有性が高く言葉が通じ合わないため外部と交わることがないというのが、クーンの考えです。そして、その固有の用語や常識こそがパラダイムというものです。クーンは、そういうパラダイムが組織と共に定常的に存在している状態こそ、科学の本質であると述べました。ここで閉鎖的というのは、決してネガティブな意味ではないことに注意しておかなければなりません。クーンは科学批判を行うためにパラダイムを持ち出したのではなく、「科学とはなにか」という問いに社会科学的に答えるためにパラダイムという概念を用意したのです。

専門家集団の構成員である研究者各自は、何を研究することも自由であるという自由度が基本的に与えられています。しかし、ある専門家集団によって認知されたことで研究者になっているため、その自由度はその専門の発展に費やされるのが通常です。「自ら欲してその分野の研究者になり、その分野の発展に貢献する」というとてもシンプルな状況です。ですから、この閉鎖性や固有性を大きく変化させることはありません。もちろん、時として、二つの分野が融合するとか、一つの分野が二つに分離するといったことが、自由度のために起きることはあり、自由度は活性化に寄与します。パラダイムという概念は静的なものではなく、例外的ではありますが、動的に変化するものです。

また、ここでいう閉鎖性は、内容（パラダイム）を理解し、共有し、その優劣を判断する人が、組織のメンバに限られることに起因するもので、外部を恣意的に遮断しているという意味ではありません。一般にアカデミックな組織はとてもオープンです。研究会には誰でも参加できたりします。特に数学はオープンです。国際的にも門戸を開いていますし、国際学会なども多数開かれています。また、他分野との交流、いわゆる異分野間交流も活発に行っています。それでも、その内容を理解しあう集団としては、また、その内容を精査に判断できる集団としては、社会から孤立していることは事実であり、その意味で閉鎖的であると述べているのです。多国籍であってでもです。閉鎖性というよりも、固有性が高いと言った方が判り易いかもしれません。

例えば、宇宙の起源を研究する際、数多ある学説の中の有望な学説の一つに資金を投入したとします。それは、本来推進すべき学説ではないのかもしれません。しかし、その選択が正解であったかどうかが判るのは、結果が出てからです。つまり、結果論であって、その結論に辿り着く過程では判りません。しかし、そういう判断をしなければ有限の資金を効果的に分配できませんので、専門家集団にその判断が委託されているのです。専門家集団は、その選択に間違いがないように透明性を高めながら判断を下します。しかし、内容を理解できるのは専門家集団のメンバのみですので、結果的に閉鎖的な中で行わざる得ないのです。（とても細かい話ですが、あなたが研究者であれば、このような資金の獲得は「自分は応募者であり、専門外も含めた外部の審査委員会からの審査を受ける側である」として、閉鎖的という言葉に違和感を感じるかもしれません。しかし、社会全体から見るとその「外部からの審査」を行う側も、受ける側も、同一の専門家集団の要員であると見なされます。例え「透明性の向上」の目的で、中立性の高い委員を充てることがあっても、その委員が実質的な判断ができるはずがないことは了解済みのことです。）

こうした「選択と集中」と「学会という専門家集団」がアカデミックというものを形作ることを村上陽一は「社会化された科学」と称しています[63]。つまり、極論を述べれば閉鎖的である故に、学問は深耕され、磨かれるものです。

更に、「磨かれるもの」が、シーズ的なものであるのもアカデミックの特徴です。専門家集団はある共通の学問を中心に集まった集団ですので、例外的なことを除くとその磨く対象が専門外の学問であるはずがありません。「専門家集団内の固有の学問」を磨くのです。数学などでは「その分野の数学の合理性の確立という目的のために、その分野の数学を磨く」のです。こうして磨かれた成果が、生活に役立つ場合があることを第一部で述べてきました。つまり、そのこと自身は決して悪いことではありません。寧ろ、私はこのようなことは推奨されるべきであると考えています。

下手に「役に立つ」ことを意識しすぎて、合理性があやふやなままの数学などは、肝心なところで役に立たないかもしれません。その意味で、誤解を恐れずに書くならば、アカデミックというものは閉鎖性、あるいは固有性が極めて高いものであるべきだと言ってもよいかもしれません。

もちろん、ギボンズが述べたように、二〇世紀後半から、アカデミックの中でも個別の学際領域を中心としたモード1の世界から、より学際領域も融合したモード2への移行が始まったという主張もあります[14]。しかし、それは一部であり、大勢ではありません。ギボンズが楽観的に考えたモード2への移行は、出版から二〇年を経ても大きく進んではいないように思われます。特に日本でその傾向が強いと感じています。

ギボンズ自身「大学が変化に抵抗する力にもまた恐るべきものがある」と述べているように、パラダイムの世界がやはり科学の本質です。しかし、全てが変わることがよいとは限らないことも立ち止まって考えるべきことです。

企業での研究・開発はパラダイムを超えるものである

先で述べたアカデミックの立場に対して企業での研究の立場は全く異なります。どちらが良いとか悪いとかという事ではなく異質のものなのです。

まず、企業での研究・開発の特徴として挙げられるものとしては人員の閉鎖性と機密性の高さがあります。アカデミックのように誰でも参加できるような事はありません。社員の中でも限られた者だけが議論に加わることができることは、クーンとは別の意味で閉鎖的です。

同時に「内部によって評価が定まっていない」、「専門性が異なる者が遂行する」という特徴があります。何か成し遂げる目的があるために、企業の研究はターゲット指向だと述べてきました。つまり、非アカデミックは判断基準や、パラダイムの同一性という意味では閉鎖的ではありません。

企業では、企業利益になるか否かという究極の判断基準が存在し、それを評価するのは企業の中の専門家集団ではなく、経営者です。利益に貢献したか否かという判断基準によって外部から測られます。また、異なる分野の研究も「会社のためになるのであればＯＫ」なのです。

	アカデミック	企業研究
固有性	固有性高い	固有性低い
外部との交流	基本開放的	閉鎖的
機密性	なし	あり
異分野間の交流	閉鎖的	開放的
学問形態	シーズ指向	ターゲット指向
評価	内部	外部（市場・経営者）

これは専門家集団が集まり、国家などの資金提供者からの信任を受け、内部評価によって科学を純粋に追及するという立場とは大きく異なります。アカデミックでの研究と企業の研究は、同じ研究分野を研究していたとしても目的が全く異なるのです。

この違いを認識せずに、十九世紀までの感覚で、大学が上流で企業が下流というイメージを引きずった産官学連携を進めようとするなら、成功するはずがありません。また、学問的な深さについても、単純に、大学が深く企業が浅いというのも前近代的な妄想です。

長短はどちらにもあります。企業の研究においては経営資源の有効な利用という視点から、学会とは全く異なる「選択と集中」が要求されます。会社は民主主義で動いていませんから、社員の多数決で物事が決定されたりはしません。「辞めたければいつでもこの会社を去ることが可能である」という契約の下でなされるものです。つまり、トップダウンが基本です。サラリーマンとしては、その決断には、納得せざるを得ないものです。

しかし、そういう組織故に、偶然出会う諸々の課題には、アカデミックの要請とは全く異なる面白さがあります。企業研究においては異なる学問分野間の複合的なものを解決します。所謂、テクノミックスが企業での研究開発の面白さなのです。

更には、社員にはそれぞれのレベルで裁量があります。少なくとも、就業時間後は自分のための時間を使う自由は保障されています。その中で、一度「選択と集中」によって拒否されたものを再度、復活させるための準備などもある程度、許容されたりしますので、トップの意向に沿ったもの以外は将来の準備すらできないというわけでもありません。

非アカデミックの醍醐味とは、ひとつの学問分野に囚われない発想ができることです。異なる分野の研究も「会社のためになるのであればＯＫ」なのが企業研究です。ある視点から眺めればとてもダイナミックでオープンなものです。

ギボンズのモード２［14］の類似物は企業の中に既に実現しているのです。

●純粋科学と技術の関係は単純ではない

アカデミックと非アカデミックの関係については、純粋科学と技術の関係として、企業人でかつ純粋科学者であったカシミールという物理学者が述べています。純粋科学とは社会に役に立つことを直接の目的としない科学のことです。

カシミールは、第二次世界大戦の始まる前の一九三一年に量子力学やリー環の研究の中で重要な役割をするカシミール作用素を発見しました。その当時、量子力学の基礎的な研究を行ない、有名な量子物理学者パウリの助手でもありました。

その後、フィリップスの研究所に移りました。移った当初はリーマンζ関数にも関係するカシミール効果などの基礎科学的な研究をしていましたが、徐々に研究テーマを応用的なものに移行させ、企業研究者に転身してゆきました。つまり、カシミールは純粋科学と技術の両方を極めたとても稀な研究者でした。その経験は自伝として[11]に残しました。

彼の自伝の中の「技術と科学のスパイラル」と題した章では、純粋科学が技術の発展の恩恵を瞬時に受けるのに対して、技術が純粋科学の恩恵を受けるには一般にタイムラグがある事を指摘していました。

例えば、天文科学や素粒子実験などは最先端の技術を導入する度に新たな発見がなされます。科学の発見の陰には最先端技術があります。スーパーカミオカンデは浜松フォトニクスという浜松にある光学メーカーの技術の上に成り立っていると言っても過言ではありません。純粋科学が技術の発展の恩恵を瞬時に受けている典型的な例です。

ヘンドリック・カシミール（1909 - 2000）

スケールを落とした例としては、純粋数学者が計算機、インターネット、TeX、pdfを利用できることも、安定した電力を利用して発展してきた半導体産業などの技術のお陰であると見ることができます。純粋数学なども、技術からは最も遠いように見えて、実際は同時代性のために現代の科学技術の礎に立ち、その恩恵を受けています。

その一方、企業などの技術の現場で実研究を経験すると、純粋科学の結果はそのままますぐには利用できない事例が多いことが判ります。

カシミールは半導体デバイスなどの技術が急速に進歩した時代にフィリップスにいた経験を基に述べていると思われますが、純粋科学の結果を利用するためには、その結果を補完する様々な知見が必要となるのです。その研究自身が学問的に深いものであったりすることもあります。実際いくつかは「純粋科学にも影響を与える」とカシミールも述べています。このように、技術が純粋科学の恩恵を受けるには、一般にタイムラグがあるのです。研究開発において、基礎研究が一度芽が出た後、量産化などに向けた技術開発の長い沈黙のとき（いわゆる「死の谷」）が必要であるという技術マネージメント（MOT）で有名な話と同種のものです[32]（より細かくは、魔の川、死の谷、ダーウィンの海など区別をしています。）

何かを制御するには純粋科学者が想像するよりも遥かに深い基礎的な真理を理解しなければなら

ないものです。エントロピーの発見が熱機関の制御の目的であった事実や、青色ＬＥＤの発見の過程を考えれば自然な成り行きです[72]。

「アカデミックの結果を利用するためには、その結果を補完する様々な知見が必要となり、そのためにタイムラグは発生している」とカシミールは主張します。その原因はアカデミックの目的やその成り立ちと、企業の目的やその成り立ちとの違いです。

純粋科学はアカデミックで研究され、技術は企業で研究されるという捉え方や、アカデミックで研究した基礎研究が応用されて企業に流れるという単純な技術像は、ある意味で二〇世紀前半で終わっていると考えるべきです。

カシミールの話は二〇世紀中盤からの話ですが、二一世紀においては更にその傾向は増していきます。つまり、技術は純粋科学の単なる応用ではありませんし、アカデミックの研究がそのまますぐに企業で役立つなどというハッピーシナリオは、限られた状況以外は、存在しないと考えるべきです。

工学部や産業界への応用を目指した研究機関においては、より直接的な研究が行われていますが、そのような研究対象においてもカシミールの主張は正しいと考えるべきです。アカデミックの目的と企業の目的には必ず差異があり、それを埋めるために何かをしなければならないのです。

これらの現象自体は、従来の技術マネージメントでも取り上げられていますが、その要因が技術の完成度にあるという視点が強調され過ぎているように感じます。確かに基礎研究の完成度は、デバイス化、更には量産化という過程を経たものより低いかもしれません。しかし、製品化という立場から見ると、そんなに拘って探求する必要がないと感じるほど完成度の高い研究がアカデミックにはたくさんあります。つまり、様々な問題の要因は、技術の完成度で測るというよりも、先で述べた学問の目的と、企業での開発研究の目的が異なることにあると考えれば、すっきりします。

そのように考えれば、原理的な発見においても、量産技術への移行の際でも、生産技術の構築の際でも、また、それらのマネージメントや、販売においても、企業はアカデミックの知識や知見の利用できるところは利用すればよいわけです。実際にそのような事は既に一部なされています。そして、それぞれに対して、カシミールの主張通り、同程度の技術の深さで企業側でのチューニングが必要であるということです。

企業の側は大学の実情を知らず、大学は企業の現場を知りません。両方の現場でキャリアを積んだ人間の数が、圧倒的に少ないからです。そのため、このようなそれぞれの在り方にフォーカスした視点はあまり表に出てくることがないように感じます。結果として両者の連携はとても表面的なものになってしまっているように思います。

モード論［14］の言葉で述べれば、少なくとも現時点では、「モード１からモード２への移行」というよりも、より正確には「モード１から『モード１とモード２の共存』への移行」に注力せねばならないのです。

現代数学を利用しない手はない

上述してきたように、アカデミックと企業の開発研究は全く異なるものです。敢えて例えていうならば、主食と嗜好品のような違いかもしれません。牛肉の旨さとチョコレートの旨さは異なるものです。どちらが旨いとか言った比較ができるものではないのです。

アカデミックの強みと企業の強みがうまく噛みあえば、斬新な技術やアイデアが生まれる可能性があります。企業人の立場で言えば、アカデミックを上手く利用すべきなのです。それが産官学連携のキーとなるものです。鍵は企業側が持っていると言ってもよいかもしれません。なぜならば、やりたい事は企業が持っているからです。

現代数学という道具はアカデミックで育成されてきたものです。従来の数学では表現できないことも、現代数学という言葉を利用すれば、社会や技術の中の現象が言葉で表現され記号論の意味で理解でき、予測さえも可能になっています。（記号論の意味とは第2章の現代数学の特徴で述べたことです。）つまり、企業活動を行う上で数学は有用な機能を持つとても素晴らしいアイテムなのです。これを利用しない手はありません。それがものづくりの数学です。異種分野を融合する際の言葉として現代数学は活躍できますし、異なる分野の技術者、科学者が判りあえる万能の言葉というポテンシャルもあります。

現代数学の利用においては、単なるコンサルタントを受けるのではなく、技術者自身、あるいは企業の開発担当者自身が、数学を取り扱えるようになることが必要であると考えています。そうすることで、解決できる問題の幅が広がり、解決された際の深みも増すのです。

大学がサポートして、企業技術者を育てるという仕組みは化学では既になされています。

1．一般社団法人　企業研究会「コンピュータによる材料開発・物質設計を考える会」（CAMMフォーラム）

2．社団法人　新化学発展協会　先端化学技術部会「コンピュータケミストリ分科会」

などにおいては、企業間の壁を越えて企業の技術者が集まり、大学の教員などを招いて、計算機を利用する計算化学の勉強会が機能しています。短期の成果を追うのではなく、「課題は企業側にあること」を認識しながら、連携をしています。月に一度のペースで行う長期に渡る勉強会です。数年～十数年、参加することで技術を習得するのです。大学、企業いずれの側の苦労も並々ならぬものがあると想像されます。しかし、これらの会は長く続いています。化学という学問の先見性、社会との関わり具合は深い歴史を持っていますが[1]、現代においても息づいているのだと感じます。

このようなものが数学でも立ち上がり継続されるようになれば、「ものづくりの数学も本物」と言ってよいでしょう。暗号・符号論や人工知能、セキュリティ関係などの限られた数学分野においては、こうした勉強会活動も可能かもしれませんが、本書で取り上げるような「ものづくりの数学」に関しては難しいかもしれません。そこで、第4章では、技術者各自が自力で学ぶためのノウハウも含め提示したいと思います。

●コラム1　パラダイムを超えて

二十六年間勤めたキヤノン（株）を辞し、私は二〇一五年四月に佐世保工業高等専門学校（以下、佐世保高専）に転身し、翌年四月に専攻科に設立された産業数理技術者育成プログラムの担当教授となりました。専攻科とは、五年間の高専の課程を終了後引き続き二年高専に残り学士の学位を得られるコースです。

佐世保高専の専攻科のコースは、高専の４学科の続きとして「機械工学」「電気電子工学」「情報工学」「応用化学」のいずれかの学士を取る複合工学専攻というものになっています。

高専の専攻科の卒業研究を受け持つ教員というのは、その学科の指導能力があることを独立行政法人大学評価・学位授与機構の審査を受けて認定される必要があります。この認定は研究実績等が審査されるものです。高専の業務は多忙過ぎて研究ができず認定されない教員もあり、各高専は苦慮しながら対応しているのが実状です。

さて、私の担当する産業数理技術者育成プログラムは、４つの専門のいずれかの学士を目指しつつ、横串として数学を学ぶプログラムです。ですので担当教員には、４つの分野と数学、そのすべてを専門的に指導できる能力が求められます。つまり、私は「機械工学」「電気電子工学」「情報工学」「応用化学」の４つの認定を受けなければなりませんでした。これはなかなかアクロバティックな条件です。しかし二〇一五年、佐世保高専に関わる４つの分野において認定を受けることができました。

私が認定されたことは、企業の解析業務のポテンシャルの高さを表しているものと私は理解しています。先に述べたように企業で解析業務に従事していますと多岐に亘る分野の研究に関わるのが必然です。私もキヤノン時代、様々な分野の材料やデバイスの開発に携わり、それらの技術課題を数学や理論物理などを利用して解析・研究し、特許の提案を行ってきました。光学、材料、流体、電子デバイスや画像処理、情報科学などの実に多岐の分野に跨るものです。これは一分野を終身研究する大学や高専から見ると奇異に映る業務かもしれませんが、企業での解析業務においては一般的な状況なのです。高専の教員の認定には、査読付きの論文を出版していることが必須でした。企業の無名の研究者である自分が多岐の分野に亘る論文を出版するには、各分野のパラダイムに合わせ論文執筆するという学術的な労力が必要でしたし、企業では機密の問題もありますので、発表できる課題に出会うという運も必要でした。こういったハードルのため、多くの分野に関して論文を出版している企業研究者というのはまだ珍しい存在かもしれません。とはいえ論文の出版には至ってないにしろ、多くの企業研究者は各自が幅広い分野の研究を進めており、それはある水準の実績を挙げているというのが私の実感です。

企業の解析業務のポテンシャルは、アカデミックの尺度とは異なる尺度で測られるべきものだと思います。企業のキーパーソンである技術者が持つ十分に高いポテンシャルを、日本の製造業の未来のためにさらに役立てるべきだと私は考えています。企業とアカデミックが互いの違いを了解し、お互いに協力しあうことで良い方向を模索できることを願っています。

第4章　現場の課題解決に数学を活用するための六ヶ条

ものづくりの数学が面白く、また、役に立つとしても、それを身に付けるにはある種のノウハウが必要となります。なぜなら、ものづくりの数学には、数学のようで、数学でない部分があるからです。大学の数学科を卒業したすべての学生が「ものづくりの数学」ができるようになるとは限りません。

数学科で学ぶ数学は「言葉になったもの」を如何に操るかです。他方、ものづくりの数学は「言葉になっていないもの」を「如何に言葉にするか」にあります。その意味では、物理学科、応用物理学科で学ぶことに近いかもしれません。

私は現場の技術者と数学とを結びつけるインタープリターとしての解析技術者を二六年間やってきました。そこで培ったノウハウをここに述べてみたいと思います。

●第一条、黙し、傾聴せよ

よい技術者と出会い、技術者の言葉を数学にする

一九八一年にGEのCEOとなったウェルチが行った改革の一つにワークアウトというものがあります[26]。その前提条件のひとつが「仕事に一番近い者がそのボスより仕事をよく知っている」です。

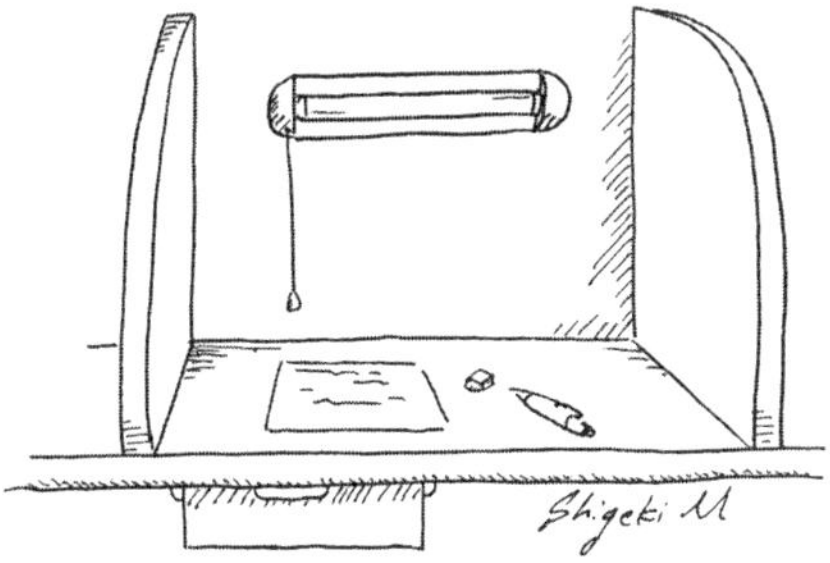

現場の社員の言葉を傾聴することが重要であるとしています。これは経済学者のハイエクの「各々が部分的な知識しかもたない人びとの相互作用によって、いかにして解決が生み出されるか」を示すということが経済活動であり、社会活動であるという事とも結び付く概念です[51]。

現代数学は抽象的な概念を言葉として操ることを可能とする唯一のツールです。しかし、抽象的な概念を表す言葉を持たないと、抽象的な事実を取り扱えないかというとそうではありません。もちろん、企業の現場の技術者全員が抽象的概念を取り扱えているわけではありませんし、言葉として操るという意味では、企業研究者はそれを完璧に操れていないかもしれません。しかし、キーパーソンと呼ばれる技術

者は、言葉を使わずとも、独自の手段を使うことで抽象的な概念を操ることができています。キーパーソンとなる技術者は、企業の大小に関わらずそこに必ずいます。もちろん、その研究の規模によりレベルに違いはありますが、受け持つ技術を熟知し、技術に関わる抽象的な概念を持ち、操っています。

電磁気学のファラデーは実験データを扱う中で電磁気学の抽象概念をすでに理解していました。それは二〇世紀にならなければ言葉にならなかった概念です。ファラデーの場合は、彼の発想に数学の方が追いつかなかったという極端な例ですが、それほどではないにしろ、現場のキーパーソンと呼ばれる技術者は、独自の言葉や独自のイメージで抽象的概念を操ることでき、それにより対象とする技術を自分の中では具現化しています。ただ、それが言葉になっていないために他者との共有が難しいだけなのです。

ものづくりの数学の役割はそういった概念を言葉にしてゆくことです。言葉にできれば、皆がその概念を共有できますし、計算機シミュレーションなども利用できます。言葉として対象を認識し直すことにより客観視でき、批判的な見方も可能となり、より大きな発展が期待できるようにもなります。

アカデミックの理論家にとって、よい実験屋と出会うことはとても大事です。マックスウエルが

マイケル・ファラデー
(1791 - 1867)

ファラデーの実験データを言葉にすることによって電磁気学を完成させていったように、実験屋の抱くイメージを言葉にしてゆくのが理論屋の大事な仕事です。これと同様に、企業の理論家がよい技術者と出会うことは一歩を踏み出す上の前提条件です。もちろん、自分自身が実験も行ったり、技術者であってもよいわけです。よい技術者とは、技術の中身や現象を、きっちり現場の眼で判っている人です。その技術の概念やイメージを言葉にすることを目指すのです。

「言葉にする」というのは、より具体的に言うならば「数学モデル」を構築するということです。数学的なモデルが構築できると、多くの人とその事実を共有できますし、計算機シミュレーションが可能となるのです。

傾聴から始めよ。なぜなぜ質問はNG。素朴な疑問は忘れない

新しい技術分野で解析を行うとか、新しい分野の技術プロジェクトに参加するといった状況では、時折「なぜなぜ質問」が沸き起こる場合があります。就学前の幼児のように「なぜ」「なぜ」と質問攻めにすることです。大勢が集まる技術的会議でも、偉い技術者や若い切れ者と呼ばれる技術者がなぜなぜ質問を繰り返すために、無駄な時間が経過するという状況を何度か見てきました。子供の「なぜなぜ」質問にいちいち答えていると、話が一向に前進しません。ですので、自分が抱いている疑問の多くは自分の経験の狭さから生まれるもので、その多くは愚問でしかないと考えるべきです。全体を理解すれば自ずから解決される疑問は、口にすること自体が時間の無駄です。プロジェクト全体の上下関係の位置づけを確認するための会議の場でのパフォーマンスとしての意味はあるのかもしれませんが、技術的な意味はないと感じています。

技術分野が異なるとパラダイムが異なります。対象とすべき対象の特徴的長さや特徴単位が違います。同じ流体でも、特徴的長さや特徴速度が異なると全く異なる振舞をします。そこでは自分が培ってきた経験や勘は通じないかもと疑うべきです。疑問は解消しなければなりませんが、それを大勢の前で質問する必要はないのです。技術分野が異なると常識が通じないということを前提にして議論を進めるならば、さほど混乱することはないでしょう。

新しい技術分野について技術者として理解したいと考えるのならば、その現象に関わる技術者に会い、彼の言葉を聞くことから始めるべきです。彼らは長い日数・時間を費やしてその技術に向き合っています。そういう技術者の話すことを傾聴し、その勘や感覚などをそのまま受け入れ、活かすことで、まず対象とする系を理解するように努めるべきです。

ある分野で成果を成した技術者の中では、自分の技術・経験だけで他の世界を理解できると信じている人を時折見受けます。技術系の管理職などは、自身が経験した狭い技術範囲の常識から外界を眺めてしまい新しい考え方を否定しがちです。それは自戒すべきことだと思います。

外部からの指摘や意見の幾つかは、確かに新鮮であったり斬新であったりすることもあります。しかし、忘れてはならないのは、異分野の技術理解というのは大変困難だということです。これについては、第3章や付録で述べた科学史研究家クーンとポパーのところで述べた通りです。

クーンはパラダイムを超えた翻訳は不可能であるとします。例えば、「物理学者と化学者の間で学術的な論争はできない」という主張です。しかし、実際の技術の現場では、例えば、物理学者と化学者とが協力してプロジェクトを推進することも必要となります。

個々の技術を伸ばせば儲かった時代が終焉を迎えようとしている中、システム全体で製品や技術を考えるようになると、この傾向は更に強まります。日本の技術の衰退の原因の一つには、技術の複雑化による相互理解不能もあるのではないかと思います。技術者の中には、自分はプレゼンテーションが下手だから言いたい内容が相手に伝わらないのだと考える人もあるでしょう。確かに技術的にプレゼンテーションの上手い人と下手な人はあります。しかし、そういう次元ではなく、異分野の人間同士は本来お互いに「分かり合えないのだ」というクーンの主張を真正面から受け止めることが大切なのです。そして、それを乗り越え、新たな技術のために協力するというのが健全な方向性です。

少し、話が脱線しますが、西洋はプレゼンテーションの上手いのに日本人は下手なので、プレゼンテーション能力を強化しようという動きを近年聞きます。これが「互いに理解しあえない」ことを前提に、嘘をつかず、真摯に対話をする姿勢やアプローチを身につけた人材の輩出を目指す方向ならば好ましいことです。西洋のディベートで目指しているものはそのようなものです。しかし、もしも、表面的なプレゼンテーションの上手、下手が評価されるような方向だとしたら本末転倒です。日本人は「空気を読むこと」に長けています。特に組織の中で管理を行う職に就いた者はそうして生き抜いてきたと言ってもよいでしょう。近年新聞紙上を賑わす日本の企業で起きている不祥事が、場の要求に応えた「耳障りのよいプレゼンテーション」のために起きているとしたら不幸なことです。プレゼンテーション能力とは、耳障りの悪いことも、伝え合い、話し合える能力と定義した上で、我々日本人はそれを目指すべきであり、その前提として、「傾聴」の重要性を再認識すべきと考えます。

現場の声に耳を傾け、生データを見る

現場の技術者と交流し、現場の声を数学モデルにして行こうとする際に、触れるべきものは、現場の技術者の感覚です。長年の勘などはとても有効です。

こちらが話を聞こうと身構えると、技術者も人の子なので、教科書的な言葉ばかりを列挙してしまい、自分の勘や感覚の話は語りにくいものです。「本来は……」「理論的には……」などという枕詞の後に語られる飾った内容はそれほど重要でなかったりもします。それらは「教科書的には○○だけれど、現場は違う」という文脈の前半の部分であり、重要なのは後半の部分の、彼らの勘や感覚的なものから生まれる言葉です。そこには真実があります。ファラデーの話を先にしましたが、言葉になっていない現実がそこにあることが多いのです。

実験データを見るならば、煌びやかな装飾をされたものより、生データを見ましょう。もちろん、現場の技術者が長年の勘で、生データの「ある部分は見てはいけない」というのであればその部分を無視しましょう。

結果的に正しいかどうかは別にして、現場はどのような感覚で現象を捉えているのかを、偏見なしにまず受け入れましょう。次に受け入れたものを改めて吟味し、そして何が正しいのかを考え、正しい答えに辿り着くのです。

そういうデータを眺めたり、会話を通して神経を研ぎ澄ましてゆけば「答えは一つしかない」という状態になれるものです。

課題に対して対象とすべきシステムの大きさが定まり、その際の基準（難しく言うと位相）が定まり、表すべき言葉が定まり、そして、表現すべきものを適切に表現できるようになります。それと同時に課題の解決策が定まるのです。

現場との信頼関係を得るためには

ここで現場との信頼関係を得るための方法について少し述べたいと思っています。

ウェルチが言う通り、「仕事に一番近い者がそのボスより仕事をよく知って」います[26]。現場が握っている知識は最大限に有効に役立てるべきであり、それが技術者の目標です。

現場の技術者と接することで現場の技術を理解し、数学の知識を上手く利用して高めてゆくためには、現場との信頼関係や他のメンバとの信頼関係が必須となります。

まずは名刺がわりに、現場の小さな課題を解決することで信頼を得ることはとても大切です。三ヶ月程度を要する小さな課題を解決してゆくべきということは以下の第三条で述べますが、これは、コミュニケーションを深める上でもとても大切なことです。

この際、「よそ行き」の顔ではない現場の内情や真実を知るためには注意すべきことがあります。数学も含め、学術的なことをある程度知っている者は、その学術的な知識によってそれを知らない人を傷つけてしまうことがあるのです。例えば、「こんな事も知らないのか」という言葉です。数学については、自分の方がよく知っていたとしても、実際、現場の実情が判らないからこの場に立っているのですから、互いに知らないところを補うことでよい方向に向かうことに注力すべきです。

数学は特に、多くの人から「難しい」「高尚」と思われがちな学問です。自分がそのつもりがなくとも、そのような印象を相手が受ける可能性があるということを常に意識しておかなければなりません。「こんな事も知らないのですか」というニュアンスが表れただけで相手が委縮してしまうことがあり、そのことで、本来聞くべき内容を聞けなくなることがあります。充分注意しておく必要があると感じています。

余談ですが、相手の不得意な分野を取り上げて「こんな事も知らないのか」と存在感を示して、相手より優位に立とうとする人なども企業の中にはいたりします。そういう人と混同されないためにも注意を払いましょう。

●第二条：黙し、俯瞰せよ　黙することに意味がある

研究現場において議論は重要です。議論をすることで考えがまとまる場合もありますし、きっかけを掴めることもあります。しかしながら、議論には落とし穴があることを忘れてはなりません。私は寡黙に俯瞰することの大切さをあえて主張したいと思います。まずはひとつ静かに考えてみましょう。そうすることによって見えてくるものがあります。

議論という行為だけで人は仕事をしているという錯覚に陥ります。大勢でワイワイするとそれだけでなんだか前に進んでいるような気分になります。

実は、議論の前にやらなければならない事がたくさんあるのです。技術的な議論とブレインストーミングのようなこと（ウェルチは「わいがや」と呼んでいました[4]）と混同してはいけません。例えば、基本的な数値的なオーダー評価は一人でやるべき作業です。調べなければならない事もたくさんあります。本質はどこにあるのかを見定めるためには、素人がワイワイやっても何も出てきま

せん。もちろん、複数人で並行して検討する過程もありますが、その場合でも、ある一定の期間は各自の孤独な作業が必要です。そういう準備をした後でなければ議論を始めてはいけないのです。

ファインマンやフォンノイマンなどは、一瞬で様々な事がわかる人間でした。とっさのオーダー評価も的を射ていました。しかし、多くの技術者はそのような能力を持ち合わせていません。能力の無い技術者程、得意げにオーダー評価をしたりします。しかしそれは、落ち着いて考えれば何の意味もない数値だったりします。

リチャード・フィリップス・ファインマン
(1918 - 1988)

ジョン・フォン・ノイマン
(1903 - 1957)

もちろん、議論は大切ですが、議論の前に系を知り尽くさなければなりません。系をよく知り尽くした人ならば、議論によって自分が気づかなかった事に気づくことがあり得ますし、議論によって大きく前進することもあります。技術的な意味での「わいがや」などは、このような状況になって初めて技術的な意味を持つのです。

そのためには、寡黙に一人で、孤独を恐れず、対象に対峙するという過程を怠ってはなりません。

当初の疑問に答えられるまで系を理解する

問題を初見したときに抱く素朴な疑問の幾つかはとても斬新です。例えば「そもそも問題点はどこにあるのだろうか」といった疑問です。系全体の性質を理解した時点で、そういう疑問を改めて問い直してみましょう。

すると自分が発していたなぜなぜ質問の多くに自分自身が答えられるようになっていることに気づくでしょう。そして、それでもなお答えられない疑問があれば、それは本質的な問題です。当初は見抜けなかった本質的な問題点に気づくのはこのときです。

カーネギーメロン大学の金出武雄教授は研究は「素人のように考え、玄人のように行動しろ」[13]と言っていますが、これはこのような解析業務においても言い当てているのです。素人質問の幾つかはとても重要な視点を持っていますが、そのほとんどは愚問です。それをふるいにかけて、重要なものだけを残し、その質問に答えてゆくということです。そのためには、何が愚問で、何が本質を突いた質問なのかを選り分ける玄人の眼が必要です。そして、同時に、その本質を突いた質問に答えられる知識力と能力が必要となります。そのためには孤独を恐れず寡黙に対象とする系を知りぬくことです。

システム全体を常に意識する

理論的な解析をしていると現場から「数学的課題がある」と相談を受けることがあります。しかし、場合によっては「数学的な課題がある」という問題設定自体を疑問視する必要があります。「数学的課題がある」ならばその「背景」自身を考察しなければならないのです。その際、システム全体を考察することが求められます。

この「システム全体の考察」で最も難しいのは、どこまでをシステムと考えるかを決定することです。それによって答えが異なります。

どこまでを「システムか」を考える際の方法は、俯瞰することです。システム全体が眺められる程度の俯瞰です。

「どこまでをシステムとするか」は「課題はどこまでを課題とすべきか？」という問題に関わり

ます。製品開発の場合は、最終形態の製品までがシステム全体です。場合によっては販売、流通や、メンテナンスまで考慮し、ユーザーまで含めたものをシステムと考えることもあるでしょう。その視点の広さから、課題の大きさとしてどのように切り取ればよいかが定まります。

課題の範囲を見極められたら、今対象とすべき「システムの範囲」が自ずから定まるものです。高ければ高い程よいとも限りません。適切な大きさを対象としなければなりません。

この時点で「現場での常識が、明白に間違っている」と気づくことも時々あります。数学的あるいは理論的な視点で解析すると「そういう事はありえない」とか「追及しても改善できない」ことが明らかな場合です。エネルギー非保存を想定していたり、存在定理によるものとか、原理的な条件で不可能な事例などです。卑近な例では、タイムマシーンを作りたいという要求のようなものです。

そういう場合でも、決して「こんなことも判らなかったのか」という態度をとってはなりません。現場に対する尊厳を忘れず、現場と「間違いである事実を共有すること」を目指すことが大切です。現場は長い過程を経てそのような考えに至ったわけですから、その土台から納得できるように導くことが大切です。そのためには可視化や計算機シミュレーションによって、現場の直観を少しづつ補正してゆくのです。そういう手順の中で、より本質的な課題が浮かび上がって、全く異なる方向のブレイクスルーが起きることもあり得ます。

第三条：置き石を踏むようなロードマップを用意せよ

ものづくりの数学を適用するための「道筋」はどうあるべきかという事をノウハウを含めて示しておきましょう。

三ヶ月に一つアウトプットを出すことを目指せ

企業の研究とは、三ヶ月に一度結果を出すべきであると私は考えています。結果と言っても時にそれは途中経過であったりしますが、それでも三ヶ月くらいに一度は何らかの結果を出すべきだと思います。

企業時代、私は部下に対して、三ヶ月に一度は結果を出せそうな重さのテーマを設定しました。それはなぜかというと、三ヶ月以上たっても結果がでないといろいろ面倒な事が懸念されるからです。

1. 上司を始め、関連するグループのメンバなどがその研究の進捗状況について、「大丈夫か」と心配を始めてしまいます。

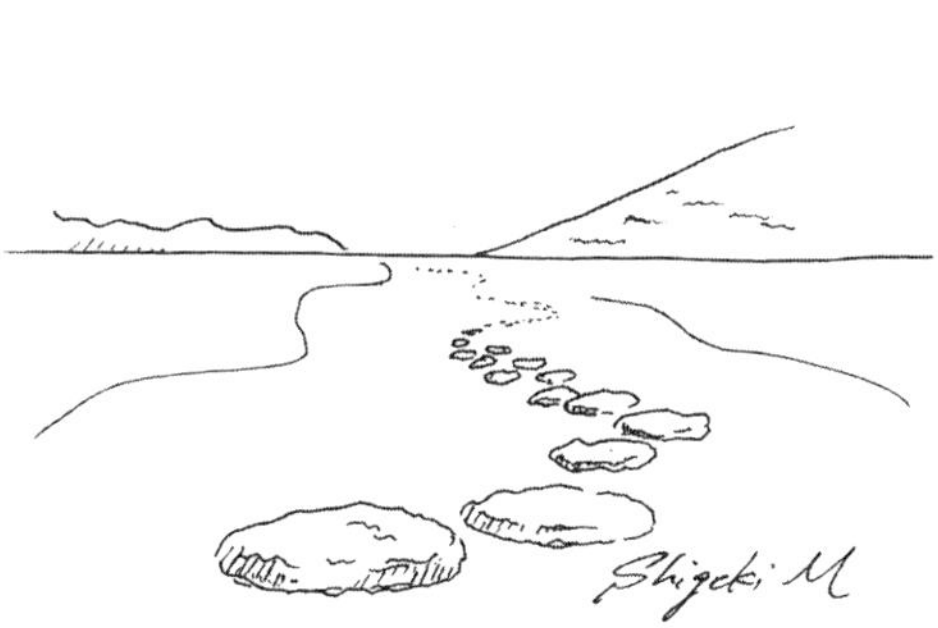

2．研究者本人も、成果がでないことで不安を感じるようになります。

例えば、現場をきっちり判っていない上司が心配になったあまり「上手く行かないならば○○すればよいのではないか」といった助言をするかもしれません。的を射た助言であることも多いでしょうが、そうでない場合もあります。企業では、上司の発言を無視することはできませんので、その場合は本来やらなくても済んだ余分な仕事をしなければならなくなります。

研究者自身が不安になる場合、自分は「遊んでいると思われているかもしれない」と懸念するようになります。数学に関わる業務は結果が周りから見えにくいものが多いのです。その不安ゆえに思考の自由や大胆さなどは半減してしまいます。

そういった状況を回避するためにも小ぶりの結果を出せるように計らう、というのは企業での研究の進め方としてとても大事だと思っています。

部下に対しては常日頃から、「置き石を渡るように研究を進めなさい。ひとつのステップは三ヶ月がベストである。長いとしても半年くらいで結果が出るような計画を立てなさい。」と言っていました。

もちろん、三年・五年といった長い計画を立てることもとても大事です。ただし、それを必ずしも、公言する必要はないと考えます。斬新な目標や崇高な目標は、一般的にはなかなか理解されないものです。それを声高らかに披露したところで、上司の「それがなんの役に立つのか」という言葉で一蹴されたり、長い説明資料を作れと命じられるだけかもしれません。上司がその研究を骨抜きにするために、その長い説明資料を使ってしまうかもしれません。更にはその研究を中止されるかもしれません。長期計画の研究は独自に進めればよいのです。もちろん、コンプライアンス上問題があることや会社の不利益となるものはＮＧです。しかし、各社員にはわずかであっても裁量権があります。その中で、かつ、三ヶ月毎の仕事が明確に定まり順調に進んでいる場合は、何もやましく感じることなく、自分の勉強や研究を行えばよいのです。そして、崇高で斬新な目標は、誰からも効果が見え、実現可能性も明らかになったところで目標を提示して公式な仕事にしてゆくのです。

そのためには、研究の将来的な目的は胸に秘め、「今この時役に立つもの」を積み重ね、最終的に大胆なところへ到達できる道筋＝ロードマップを自分の中に用意しておきましょう。

複数のテーマを同時に進行させよ

私は多岐に渡る分野の解析を行ってきましたが。どの解析においても射程距離に入るまではギアをトップに入れないという事を心がけていました。

常に３つ〜５つくらいの小さなネタを持って、どのネタが旬なのかをいつも考えながら、それぞれの鍛錬を行っていました。そして、ある分野の言葉に慣れてきたら一歩進めてその分野の慣習に従って、対象とする系の試みの計算をしてみるのです。そして上手くゆくようであれば、その分野が解ける時期だと判断して、ギアをトップに入れ集中して研究を行いました。

先ほど描いた各自のロードマップでは複数のテーマを用意して同時並行で推進しましょう。収穫時期のものは収穫をし、アウトプットとして提示し、まだ熟さないものは熟すのを待ちます。そうすると、3ヶ月に一度アウトプットを出すという事もそれ程無謀な目標ではないことが判ると思います。

上手く行かないときは、あまり思いつめることなく、また勉強のみを行う状態に戻りましょう。らせん階段を足下を向いて上るようにコツコツと勉強するのです。「何かを理解する」には時間がかかるものです。「足下を向いて」とは、一度決めた道をあれこれ考えずに、計画に従って遂行するという意味です。大胆な事を成し遂げたり、従来とは異なる視点でモノを見るには、地道な努力が必要です。一度、方向性を定めたら足下を向いて進むのです。そのために、ロードマップが必要です。

研究課題には、数ヶ月で解けるものもあれば、数年かかるものもあります。

方向性さえ間違っていなければ、地道な作業の延長に問題の解決はあります。問題が本質的であればあるほど、時間がかかります。そして、それは通常のアプローチでは解けないでしょう。「系を表現する言葉」と「系の理解」の両方がないとそういう事はできません。努力や根性だけで言葉は生まれません。まず先人の知恵である教科書を自分のものにしましょう。何かを目指すときはミニマムな知識が必要です。それなしには計画さえ立てられないはずです。つまり、そういう最低限の知識を得る間までは、余計なことをあまり考えずに進むのです。

私が関わった「確率論の点過程」「特異点論」「変分問題」などを援用した解析は、じっくりと下を向いて歩む時間があったお陰で達成できたものです。それぞれ出会ってから解決までには五〜一〇年くらいかかりました。その間、結果を出していないわけではありません。道筋の要所要所では結果は出してきました。それでも、大胆な見方ができるようになるには長い年月が必要だったのです。

理想を夢想するのは無意味である

私たちが完全に理想的な環境下で研究ができることは望めません。従って、「理想的な研究環境とは」と考えるのはナンセンスです。

私は部下にＴｏ‐Ｄｏ‐Ｌｉｓｔを作成させ、そのリストの優劣を順位付けていました。やらな

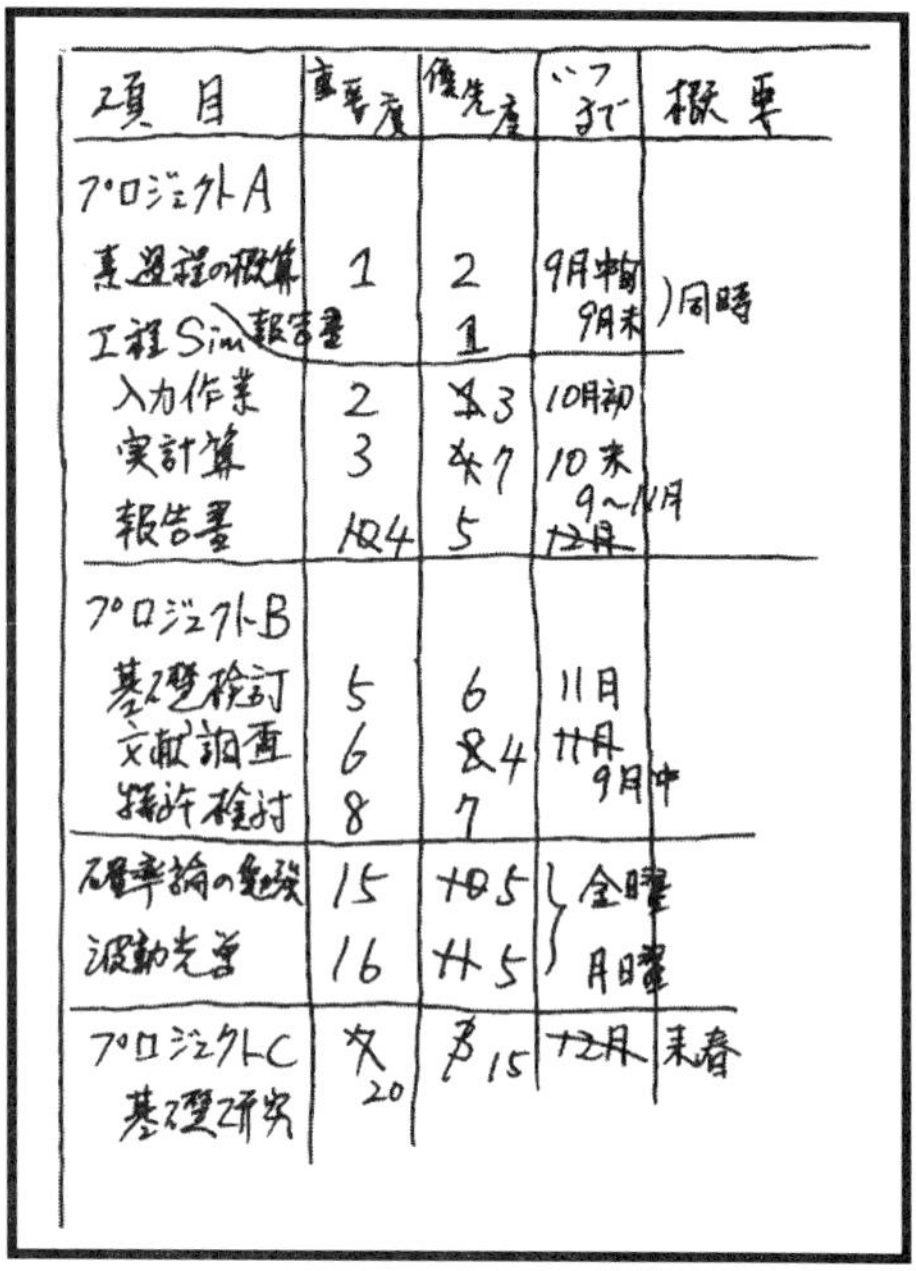

ければならない事はいくらでも書けるものです。誰も優等生を目指したい気持ちが心のどこかにあります。そのため、「自分にもっと能力があるとすれば」「自分にもっと時間があるとすれば」といった仮定の下で「やらなければならないこと」を列挙してしまい勝ちです。

しかしそのリストの多くは、実はやる必要がありません。「もしも時間があれば解決すべき項目」は実際には解決できません。現在抱えている問題が解決した時点で、もっと重要で新しい課題が出現しているからです。

更に「その課題を解決するのは等身大の自分であり、スーパーマンではない」ことから目を背けてはなりません。「もしも自分に能力があれば」ほど無意味な仮定はありません。徐々に自らの能力を高める長期の計画と、現在の手元にあるもので短期に実行してゆく計画とを混同してはならないのです。

経験を積んだ技術者は「自分ならばこの問題は三日で解決できる」と考え、若い人に対して、そういう事を口にしがちです。言われた側は「自分にもっと能力があれば」などと幻想を抱き無意味な計画を立ててしまうかもしれません。しかし、先輩の言葉はあまり気にしないことです。この場合、三日間でできる課題であったとしても、実際には課題を認識する過程に5日かかっていたり、結果を人が理解しやすくするための再計算に三日かかっていたり、プレゼンテーション作成に二日かかっていたりします。課題解決とは本来時間のかかる作業なのです。

計画を立てる際はそういうオーバーヘッドがあることも計算の上で計画を立てなければなりません。

有限の時間・リソースを生かすための「後まわし」と「ロードマップ」

どこの企業でもそうですが、人材・設備等のリソースは有限です。計算機設備も、それに関わるメンバの数も常に足りていないのが普通です。仮にリソースが増えたとしても、それは要求される水準が高いものになったからです。常にリソースは足りないのです。

その中で研究するには、最も効果ある方法を考えることが肝要です。有限の時間、有限のリソースを基本とするというのは、「現実的に到達できる事を最も重要視する」ということであり、「ゴールに向けて無駄がないように進める」ということです。

部下が提示したＴｏ－Ｄｏ－Ｌｉｓｔに対して私は、優劣をつけた上で「やらないこと」を決めていました。優等生的な思いで「○○ならば実施する」といった仮定を前提にしたものは、現実的には実施されない項目です。プライドや義理、人情が邪魔をしてやめられないことなども考慮の上、業務命令として「やらないこと」としました。「やらない」と却下されることが本人にとって精神的負担が大きい場合は「二年後にやる」とすることもありました。実際には二年後には状況が変化しますから、その多くは二年後にやる＝永遠にやらないとなります。優先されない事項を後回しにすることにより、「今やるべきこと」に集中できますので、組織にとっても、本人にとってもよいのです。上司の命令ですから、実施しない言い訳にもなって部下の気分も楽になります。

先に私は「ロードマップを用意しましょう」と書きました。それは組織としても、個人としても同様です。置き石を踏みながら、ゴールに到達するようなロードマップです。手始めに、三ヶ月、半年ほどで結果を出すことと、課題を俯瞰するためのミニマムの知識を得ることとを並行に行うためのロードマップを描きましょう。前者は即効的で「今できる」最善の解決に向けてであり、後者は根本的な解決のためです。場合によっては、実施する価値があるかどうかの判断が目的となります。

業務をスリム化して、そのことによって空いた時間で本来やらなければならない将来への準備を行うのです。目指すべきは当然、根本的な解決です。道は険しいのです。

ですので、三ヶ月で実現できるアウトプットというのは、意外に低い結果となるかもしれませんが、それでかまいません。それを実際に完全にやり抜く事が大切です。着実に一歩、一歩を進めて行くのです。

場合によっては、その三ヶ月のアウトプットに対して「できる事をやっただけ」という不安や不満を持つかもしれません。その解消のためにもロードマップは必要です。その位置づけや、目標を理解しておくのに役立ちます。

少なくとも、ミニマムな知識を得るための時間を割けるようになることはとても大切です。その知識がなければ、いつまで経っても素人の視点から抜け出せません。遠く広く見渡すがために高見を目指すのです。

経験を積むと目が肥えてゆきます。少し高いところに立てたら、より詳細なロードマップが描けます。計画を立てるにも、より意味のあるロードマップを描くためにも、知識が必要です。そのためにもロードマップを用意し、目が肥えたら改訂し、さらに高みを目指す。それを繰り返すことで、当初考えていたより遥かに高い高見に辿り着けるのです。

第四条 … problem builder を目指せ

産業現場の数学の問題が解決した際は「problem solver」が称賛され勝ちですが、重要なのは「problem builder」です。

問題として切り取れれば、後は解くだけです。問題として切り取る方がはるかに価値があります。産業現場における多くの問題は、問題として切り取れたなら問題解決のほぼ半分の工程が終わっていると考えてよいと思います。

先の「どこまでをシステムとするか」のところで述べましたが、問題が切り取れたということは、システムの大きさが定まったということです。企業での課題ひとつに対して、数学的な問題としては二つの問題になることもあるはずです。「どこまでをシステムにするか」に依存して数学的な問題として異なる問題となってしまうこともあるからです。

いずれにしても問題として切り取れたというのは、対象を言葉にできたということです。平たく言えば「対象を数学の問題として表現できた」ということです。その問題が、解決に二〇年かかる難しい問題にしろ、すぐ解ける問題にしろ、「言葉」になったことが意味を持ちます。

問題として提起できれば、何をすべきか、または今はすべきでないかが判ります。数学的問題の解決方法についても、数学的証明が必須ではありません。コンピューターを使ってもよいですし、実験データを利用してもよいのです。もちろん、大学などの協力を仰いでもよいのです。

また、それがどれくらい難しい問題かも見積もることが出来ます。場合によっては、外部の専門家に算定してもらうこともできます。

それが非常に難解な問題であれば、同業他社も簡単に解けないでしょう。半年で解けると判れば自社で解くもよし、外注してもよいでしょう。半年後には誰かが解いていると推測することもできます。三年くらいかかる問題であれば、外部の専門家に頼ることもあるかもしれません。専門家が海外にいるなら、海外にゆく価値があるかどうかも議論できます。

「問題として切り取る」ことができれば、「問題を解く」ことをあえて行わないという選択もできます。数多の問題のすべてを解く必要もないのです。

その意味で、問題設定できれば、雑に言って、問題の半分の過程が終わったと言えます。

問題として切り取るまでが重要であり、それはとても難しいのです。混沌としたところから問題として拾い上げたり、ある程度の質問ができる状態まで切り取ったりするには、高度な能力が必要となります。そういう問題を問題として認識している人がキーパーソンです。企業の中にはそういう人が必ずいます。社内のキーパーソンを見つけて議論することで、現場の言葉を数学の言葉に置き換え、数学の問題として確立できるのです。ものづくりの数学を成功に導く鍵は、キーパーソンに自分自身がなるか、誰がキーパーソンであるか見定めることにあります。

ものづくりの数学とは、「対象を数学の言葉にしてゆく」作業のことです。対象を数学の言葉に置き換えることができれば自由度は大きく広がることが、このことからもわかるかと思います。

第五条：ニュートンではなく、結果を共有せよ ライプニッツを目指す

第2章の現代数学の特徴のところで、ニュートンとライプニッツの話をしました。

ニュートンは天才でしたが、言葉を磨きませんでした。プラトン的だと言って嫌ったのです。そのため、ニュートンの「自然哲学の数学的諸原理（プリンキピア）」などは難解すぎて、ガイドなしに読めたものではありません。他方、ライプニッツは自分の研究対象を言葉にすることに力を注いでいました。記号論の意味では、概念の創出のために表すものである記号を構築したのです。彼の構築した言葉のお陰で、後のベルヌーイ、オイラー達が自然を自由に表現することができ、ニュートン方程式を皆が理解できる形で提示できたのです。とても明快な言葉になったので、現在も同じ

形で教科書に載っています。

これらのことから、知識の共有は新たな発展を生みだすということがわかります。ライプニッツの業績は、微分、積分を言葉にしたことです[25]。微積分を個人の秘儀にせず、万人の持ち物にしたのです。

「ものづくりの数学」の目指すべきは、ニュートンではなくこのライプニッツの姿勢です。すなわち、数学モデルを構築し、それを皆が共有し考えられるようにすることです。現象を数学という言葉で記述することを目指すべきなのです。「言葉で記述されること」とは、例えば、微分方程式として書かれるとか、微分幾何の言葉で表現されるということです。

言葉になれば、ORであろうと、モデル・ベース開発であろうと、適用できるのです[10]。それぞれの手法の中で、例えば具体的な微分方程式なら、実際の現象を模擬的に再現できます。言葉になれば、誰でも使えるようになるということです。

可視化と計算機シミュレーション

企業では自分で問題解決できたらそれで終わり、ではありません。これをグループのメンバや関連する部署、また上部の組織に提示してゆかねばなりません。結果を共有する事によって皆で同じ方向を目指すのです。

結果を共有する際に、可視化というのはとてもよい手段です。企業では「見える化」などとも言います。

日本の企業ではチームでプロジェクトを推進することが殆どです。メンバ全員が同じ方向に向くためには、その全員が納得することが前提です。しかし、関係する技術者全員が、理解を共有するのはたやすいことではありません。

その際、「難しい問題だ」とか「難しい理論は判らない」とか「数学は苦手だとか」といった各自の心理的障壁が、その目指すべき情報の共有を妨げる場合があります。私はそれを「心のバリア」と呼んでいます。その「心のバリア」を低くするためには「見える」ことが有効です。これが可視化です。眼から入った情報は脳に届きやすいのです。

また、企業や組織においては上司や経営層も納得させなければなりません。決裁権を持つ人を納得させたり、顧客を納得させる場面においても、可視化はとても重要です。

可視化には、場合によっては大仰な計算機シミュレーションが役立ちます。リアルな計算機シミュレーションは自分の理解も助けます。プロジェクトのメンバ全員が「同じイメージを持ち、同じ方向に向かう」ことが可能となり、開発を効率化できます。ここでの可視化とは大仰な計算機シミュレーションによる3次元アニメーションなどに限りません。グラフ化や定式化によるものも含まれます。後で述べるようにグラフ化や定式化により設計に使えるレベルにまでパラメーター依存性を提示することは更に大切なのです。

第六条：計算機シミュレーションを使いこなせ

産業における計算機シミュレーションの利用は時代の要請です。誰でもできるようになった便利なツールを使わないという手はありません。計算機シミュレーションの発達により設計時に机上でその性能まで逐次シミュレーションし、その結果を素早くフィードバックするために、CADデータや組み込みソフトウエアを必要に応じ変更させ、変更したデータに、直接、開発部隊全員がアクセスできるようにすることで、机上での製品開発ができるようになりました。このようなモデル・ベース開発が完全でないにしても取り込まれてゆくことは確実です。計算機補助による設計プロセスの中に、計算機シミュレーションが組み込まれるのです。量的なものが質的な違いを生みます。

しかし、計算機シミュレーションを採用するには注意点があります。それは、「結果の目途」がついた状況になってから行うべきという点です。大体のことは、第5章の第一条で述べるフェルミ推定のようなオーダー評価で判っていることが前提です。もしも結果が予想と大きく異なるならば、予想した過程を詳細に検討し直さなければなりません。

そして、「やってみなければ何も判らない」という計算機シミュレーションはできるだけ避けるべきです。なぜならば、どのパラメーターがどのような影響を与えるか予見せずに行われた計算機シミュレーションは、その計算精度やモデルの適用範囲等について考察がなされていないという事を意味しています。つまり、信頼できないのです。

近年は、あまり何も考えずに市販の計算機シミュレーションを使って計算をして、計算結果をそのまま適用したら上手くいったという事例が増えています。メカニカルな計算機シミュレーションや、電気回路の計算機シミュレーションなどは十分その信頼性が高くなっているのです。そのため、計算機シミュレーションの本質を理解せず、それを過度に信用してしまう技術者がいたります。計算機シミュレーション技術もコモディティ化しています。全て計算機シミュレーター販売会社に任せておけば、理論背景から、計算機シミュレーションの操作方法、計算結果の解析方法や可視化方法まで教えてくれたりします。セールス・トークでは「皆さんは何も考えずに数値を入れるだけです」と言われることもあります。計算機シミュレーション技術とは「新しい計算機シミュレーターが販売されたら、それを購入すること」、「最新のハードウエアを経営層を説得して購入すること」「数値を入れること」だと認識している人がいたりします。

このような市販の計算機シミュレーターの販売においても先の信頼性の問題は存在します。そもそも入力ミスの可能性があります。また、計算機シミュレーションに絶大な信頼を置いている技術者ほど、計算機シミュレーションの限界を知らずになんでもできると勘違いをして酷い計算機シミュレーションを行っていたりします。計算の内容が機密であるため計算機シミュレーター販売会社にも相談できなかったりすると、大変な結果になります。

系をよく理解できるまでは計算機シミュレーションは実施してはいけません。安直な計算機シミュレーションは間違った結果を導くと言って過言はありません。それは市販の計算機シミュレーターでもです。

特に問題なのは、計算機は必ず答えを出すということです。それももっともらしく答えを出すのです。間違っている可能性がある計算結果を批判なしに受け入れると、ミス・リードを招く恐れがありとても危険で無謀です。

何が本質的なのか、どのパラメーターが有効なのか、また理解の共有という視点で何を共有し何を共有しなくてよいのか、そういう事を理解した上で、可視化や数値を提示するために計算機シミュレーションを行うべきです。

近年の計算機シミュレーション技術の危機

計算機シミュレーションの活用は「ものづくりの数学」において重要な構成要素のひとつであると考えています。「なぜだか判らないけど上手くゆく」というう計算機シミュレーションをうまく活用できるなら、量的なものが質的な変化を与えます。ある学術分野に限定するならばその信頼性は今後も確実に向上するでしょう。製図では必ず定規を使うのと同じ意味で、利用するべきものです。良い定規ができたお陰で図面が引けるようになり画期的な設計ができるようになったのと同じです。それは技術融合を促進する数学モデル化の構築の手助けになります。しかし、計算機シミュレーションが本書で取り上げる「ものづくりの数学」の根幹をなすわけではないことは十分注意しておきたいことです。その役割は平たく言って、電卓の延長線上に過ぎないのです。既製品の計算機シミュレーターは、ある一つのパラダイムの範疇に留まるものであり、それだけでは、本質的な役割は担えません。さらに、最も危惧されるのは「ものづくりの数学」の発展を妨げる可能性があるということです。

市販の計算機シミュレーターのユーザー会などに参加すると単純化したプレゼンテーション資料

を配布され、本来苦労して専門書を読まなければ判断できないものを判ったような気にさせてくれます。多くの技術用語の浅い理解と計算機シミュレーターがあれば、完全な計算機シミュレーションができるというわけです。

しかし、それらの知識は残念ながら本書で扱う「ものづくりの数学」とは異種のものです。最新の計算機シミュレーターを手に入れ操れたことによって、技術者自身が技術的に向上したと勘違いしてしまう恐れがあります。しかし、薄ぺらな知識を積み重ねたとしても、技術的な能力が向上したわけではありません。

例えば、熱流体ソフトウエアを使ってある分野の計算機シミュレーションを実施した経験があったとしても、物理的なパラメーター空間の領域が異なるのなら、同じ熱流体力学でも異なる事象に気をつけなければなりません。そもそも熱流体力学だけで記述できるかも判断せねばならなかったりします。経験は一般的に活きないのです。しかし、理論や数学に携わると、技術領域の異なる場合でも「理論的にはどうか」という質問に答えなければならない時があります。その際「判らない」と誠実に答えられるかどうかが有能か否かの分かれ目です。

企業には有能な技術者がたくさんいることを広めたいと思い、この本を執筆していますが、残念ながらそうでない人がいるのも確かです。彼らは市販の計算機シミュレーターを過信している場合が多いので、「判らない」と答えることが無く、それが上層部に受け入れられ、それなりの地位にあったりします。そのため、私も笑い話にしかできない経験をたくさんしました。技術的なレベルが高くない場合は「何が間違いか」を本人は全く理解できないので、抗議の余地もありません。反面教師として受けとめ、地道に自分の信頼を得るしかありません。

もう少し計算機シミュレーションの普及が進めば、オペレーターはオペレーターとしての地位が評価され、本書で取り扱う「ものづくりの数学」に関わる技術者との差異も認知されるようになると思います。が、過渡期においては「笑い話」にしかならないことが多発することが予想されるのです。これが近年の計算機シミュレーション技術にまつわる危機となりはしないかと危惧していることです。

先に書きましたが、「ものづくりの数学」を推進する上では、技術者が地道に努力し信頼を得てゆくこと、更には計算機シミュレーターのオペレーターについて適切かつ正確な能力が評価される仕組みができその地位が確立されることが肝要と思っています。もちろん、ものづくりの数学の技術者がオペレーターを兼任することも、あるいはオペレーターがものづくりの数学をマスターすることも努力次第では可能です。ただし、ここで「ものづくりの数学の技術者」とオペレーターとは全く役割が異なることを忘れてはいけません。同一視すると不幸な結果を招きます。

計算機シミュレーション技術の危機を乗り越えて

既製品の計算機シミュレーターは日々発展しており、その適切な利用によって産業は新たに発展していきます。危機の原因は、既製品の計算機シミュレーター自身にあるわけではありません。それらはソフトウエア会社やフリーの製作チームが勢力的に作成しているのです。学術的な競争、あるいは資本主義に則った競争にもまれ日々進歩し、進歩の止まったものは淘汰されます。危機の問題は原理的なところです。これら計算機シミュレーターは一つのパラダイムに属しているのです。

既存の計算機シミュレーターだけで済むところはそれを利用し、解決すればよいのです。しかし、現場の学問領域は分離し多岐の領域に跨っています。学問領域を跨る新たな技術の構築を目指す際には、その計算機シミュレーションがどんなに高精度であっても、一つのパラダイムに属したそれを利用するだけでは先に進みません。

この事実を理解すれば、危機は乗り越えられます。様々な分野の実験データや計算機シミュレーションの結果を考察することで新たな技術を構築できるのです。そのためには数学モデルが鍵となります。次に数学モデルの構築に向けた話を取り上げます。

第5章　数学モデル構築のための七ヶ条

「ものづくりの数学」の肝となるのは「数学モデル」の構築です。現象を数学という言葉にするのです。第4章の第四条で述べたように数学問題として切り取ることでもあります。様々な事象を数学モデルにすることで、それを他の技術者と共有できるようになります。様々な事象とは、例えば、インターネットのつながり方や、交通渋滞や、自然現象などのことです。それらの複雑な現象を簡単な数式から再現できるようにすることが、数学モデルにするということです。言葉になることで、モデルの問題点も含め、様々な角度から様々な人と議論することができます。

ここでは数学モデルの構築の際の考え方を列挙しておくことにします。

第一条：フェルミ推定を利用せよ

二〇世紀を代表する物理学者であるフェルミは、シカゴ大学の物理の授業でユニークな問題を出していました。一例について一緒に考えてみましょう。

その問題は、「シカゴにいるピアノの調律師は何人か」というものです。

当時のシカゴの人口は500万人と言われていました。平均4人家族とすれば、125万世帯、その数%がピアノを持っているとし、また教会（1/1000世帯）や小学校（2～3/1000世帯）を考慮すると6万台前後のピアノがシカゴにあると見えてきます。正確さを求めるならば、その0.1倍～10倍である0.6万台～60万台あるだろうということです。ピアノ調律にどれくらいの時間が掛かるか判りませんが、当てずっぽうに4時間くらいと考え、平均3年に一度調律をするとします。するとシカゴでのピアノの調律に要する時間が8万時間／年と計算されます。年間の就業時間を2000時間と

エンリコ・フェルミ（1901 - 1954）

すると8万を2000時間で割って40名程度ということになります。

これが正解かどうかはわかりません。しかし、先の問題に対して、取りあえず数値としての答えが得られたことに大きな意味があります。

重要なことは、このような考え方をしてみると数字が現れ、全体の精度を上げるためには、どこを正確に見積もらなければならないのかが見えてくることです。この問題に見られる考え方は、その後フェルミ推定と名付けられ、近年ビジネスを行う際の概算という視点で多くの関連本が出版されています[49]。

現実の解析を行う際には、このフェルミ推定はとてもよい道具です。数学モデルの構築の際に使わない手はありません。対象の様々な数値をフェルミに倣って、オーダー評価をするのです。それがファースト・ステップとなります。

第二条…グラフ化せよ

ケルビンは「数値化できれば科学になる」と述べました。物理量を同定し、その数値を計り、その関係を理解できれば、ケルビンのいう意味で科学的に系が判ったということになります。

データを読むこと、データを数値化することの重要さを否定する人はいないでしょう。ここではそれを更に可視化、つまりグラフ化しておくことの重要性について語りたいと思います。数学者の多くはグラフ化に本質的な意義を感じていませんので、著名な数学雑誌に xy グラフが掲載されることはほとんどありません。しかし実験科学においては必ずグラフが提示されます。数列をグラフ化して眺めることは、現実の科学的理解においてはとても重要なのです。

数学の多くの代数構造は、加法性か、乗法的なもののどちらかが鍵となります。（もう少し数学的に言えば、群が作用しているのです。）それ故、自然現象の多くは log スケールか、線形的スケールで、グラフ化されるべきなのです。

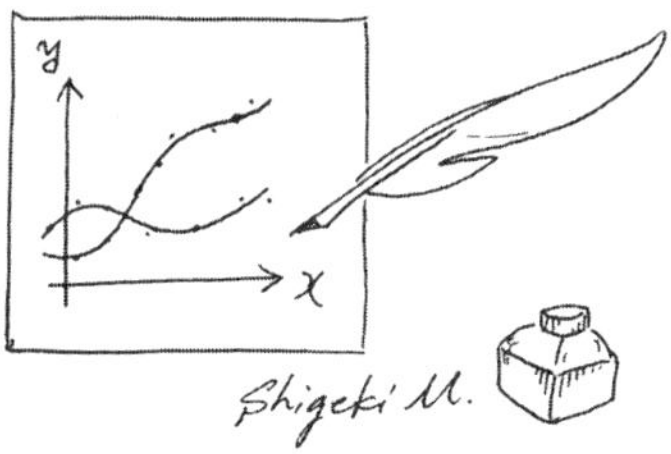

データをグラフにすると、その傾きから内挿や外挿ができ、時系列ならば予想や、事象の因果関係などを認識することが可能となります。グラフ化によって対象を俯瞰できるのです。「事象の本質を如何に可視化し、把握するか」という問題意識を持つことがグラフ化に繋がります。

つまり、現象を理解する際に、広い意味の可視化でもあるグラフ化によって、大局的な見方ができるようになるのです。フェルミ推定と共にまずやるべきことです。

第三条　：　避けられない事実から目を背けるな

「避けられない運命には調子を合わせる」という言葉があります。これはカーネギーの有名な著書「道が開ける」[12]中の言葉です。私自身、この言葉には何度も勇気づけられてきました。しかし、ここで論じたいのは人生論的な話ではありません。

確実な事実からは目を背けない

研究者は、理論的な考察の結果これ以外答えがないというときには、その事実に目を背けてはいけないのです。例えば、エネルギー保存や、淀み点や焦線が生じるとかの存在定理はパラメーターの微小な変形では除去できないのです。もしも、実験データが必ず同じ数値を返すのであれば、その事実からも目を背けてはいけません。

なまじ、計算機シミュレーションなどをかじると、「計算機シミュレーションは実験データによる検証が必要だ」と言う者がありますが、ニュートン方程式やマクスウェル方程式を今更検証する必要などありません。

もちろん、ソフトウエアの誤り（バグ）や入力パラメーターの入力間違いなどはチェックしなければなりません。更には、計算結果が出た後は、なぜそのような計算結果が得られたのかを大規模な計算なしに人に説明できるレベルになっておかなければなりません。幾つかの仮定や設定を条件として、できるだけ平易な言葉で述べられるようにしておくのです。それにより、なぜ、そのような計算結果が得られたかを、自分自身が理解できたということになります。逆に、それができない間は、計算結果は間違いかもしれないという可能性を否定してはいけません。

その一方、エネルギー保存とか、頑強な存在定理や、単純な方程式の結果から目を背けてはならないのです。結果をよく吟味した後の単純な方程式の結果も受け入れなければなりません。ニュートン方程式とマクスウェル方程式だけを考慮した場合に得られた結果のようなものです。そういう確実な事実を積み重ねてゆくことはとても大切です。丁寧な解析をきっちり積み重ねることで数学モデルは構築されるのです。

ロバストな現象であることを理解する

実験室以外で起きる現象はロバスト（頑強）な現象であると認識しましょう。ここで言うロバストな現象とは「あまり条件に依存せず、摂動などによって影響されることなく、同じ現象が起きる」という意味です。破壊現象や放電現象では「同じ現象」という言葉に気を付ける必要があります。

例えば、放電の場合、全く同じ放電経路は再現されませんが、放電の開始する条件などはほぼ同一だったりします。

この「同じ現象」の「同じ」という概念も実はとても難しいものです。位相幾何が重要と述べているのは、この同一性などは、現代数学でもとても重要な役割をする概念だからです。確率的な事象も含め同一であることが判れば、いろいろな対処方法ができるので、同一か否かということを現代数学の言葉で明確に表現するということが「ものづくりの数学」の一つの役割と考えています。が、今は少し曖昧にこの同一を捉えておきましょう。

「起きている現象はロバストである」とすると「より簡単な原理で記述される」べきですし、「ミクロよりマクロが重要」となります。基礎科学を長くやってしまうと、目の前にある現象を、難しい現象に仕立て上げたくなりますが、実際の現象はもっとシンプルです。流行の言葉に流されて、本質を見抜けない研究者は、残念ながら現場に少なからず居ます。一方、そういう耳障りのよい言葉に微動せず、本質を見抜いているキーパーソンもまた少なからず居るのも事実です。

量子力学的なミクロな現象がマクロの性質を決めることはほとんどありません。トリッキーな現象が世界を支配することもまずありません。とはいえ、量子力学的な効果を考えなければ説明がつかないもの（量子化学の現象）や、トリッキーな現象がマクロを支配する場合が多々あるのも確かです。今目の前にある現象がどれに属すのかを、黙して俯瞰して見定めてゆくことが必要なのです。そのときのアプローチの基本は、できるだけロバストで、マクロ的な視点から考えることです。安易な「量子効果」「波動効果」「非線形効果」という言葉でブラックボックス化してはいけません。

そのためには、時間をかけて足りない知識を補って行くことも検討すべきでしょう。数学のモデル化を目指している課題で数年では解決しないようなものも、企業にはたくさんあります。

●第四条 ： 特徴量の単位に着目せよ

数学の言葉はスケールフリーである

数学には、物理現象を表す言葉としての役割があります。宇宙の現象を数学で表す際には、太陽系の大きさが単位となったり、光が一年間で到達する距離が単位になったりします。しかし、太陽系の中には太陽があり、地球があり、地球の中には、大陸があり、山脈があり、湾があり、岬は岩石で出来ており、岩石の形は数mで変化をし、その組成は数cm単位で変化し、原子単位の大きさになります。原子単位は高エネルギーなもので眺めることで素粒子に分解されます。

宇宙のガスの動きは流体現象として記述され、太陽系は太陽と惑星の動きとして数学により記述され、惑星の水の動きも流体力学、岩石のミクロな成分の量子的状態は量子力学、その素粒子は量子場の理論で記述されます。それぞれはいずれも、数学の微分方程式として語られます。スケールが全く異なるのにも関わらず、場合によってはとても似た方程式で記述されたりします。

このように、数学とはスケールフリーなのです。

特徴量の精度、単位を見極める

逆の言い方をすると数学には最小という単位がありません。小さいという概念がそもそも数学には内在しません。

従って、数学を利用する人はまず、小さいという基準を決めなければなりません。0.0001は1に比べて小さいけれど、10^{-9}よりは大きいのです。更には1を1光年に当てるか、[μm]に当てはめるかは利用者が決めることなのです。この小さい量や基本となる単位を決めることが数学のモデルを構築することに当たります。

例えば、建築学を学ぶ際の「小さい」は、木造建築であれば建築物の大きさ（数m～数十m）より十分小さいもので、木の細胞壁の大きさより十分大きいものだという事が暗黙の内にに定まっています。つまり、0.1mm 以下は無視するのです。従って木造建築の学会では 0.1mm は小さな量だと暗黙の内に定まり、mm 単位で対象を記述すればよいことになっています。

他方、有機材料の合成においては、0.01nm 程度が小さな量となりますし、現代の素粒子では 1fm でも大きな量と考えます。

各学問分野において、数学は言葉として重要な役割を果たしますが、その際、最小の単位は自ずから暗黙の内に定まっているということです。

しかしながら、異種の研究分野を融合することで新たなデバイスや材料を開発するような現場においては、「暗黙の了解」はありませんので、最小単位を自ら定めなければなりません。まして、システム全体を眺める際、「暗黙の了解」は全くナンセンスです。

精度が高いからよいというわけではない

付録に示したように、吉川の設計論において設計というものは位相幾何学の上で記述されるものです [76]、[35]。

また、各技術分野には特徴的な精度というものがあります。例えば、品質工学では必要とする品質という基準に対する感度に応じた精度を提供します。

つまり、特徴的な単位を考えるべきであり精度が高いほど良いという考えは捨てるべきなのです。誤差の評価をすることは大切な行為です。が、論文を書くわけではないのですから、少ないデータでも信頼に足るものであればデータ数のみに過度に過敏になる必要もありません。法的あるいは技術倫理上問題なのは当然NGですが、データが少ない場合も、信頼性を吟味し、その考察から、この系の特徴となる系の単位や誤差量を探るのです。系を特徴付ける大きさや単位が定まれば、それ以下の精度を論じるのはナンセンスです。同時に制御されるべき量はその単位で計られるべきということも判るのです。

第五条 … 最も自然な言葉を探すべし

簡単な問題などない

教科書には簡単な問題も難しい問題も掲載されていますが、技術的課題は、ひとつとして簡単なものはありません。技術的課題を数学を利用して解決する場合、割り当てられる人数は通常一名と考えられます。少なくとも、一人で数学知識を利用して答える必要が出てきます。一人で立ち向かう課題はいつでも難しいものです。第4章の第四条 problem builder を目指せのところ述べたように、技術の問題を数学問題に置き換えること自体がとても難しいのです。

その難しさは、数学的難易度とは直接繋がらない難しさです。そのため数学的には簡単な事実でもとても深い技術的問題というものが存在します。

もちろん、産業現場の技術の問題の殆どは従来の工業数学の枠内で解決されるはずです。更にその多くはとても初等的な工業数学で解決できるはずです。ですから、現代数学や数学的に難しい問題と関連づける必要は全くありません。できるだけ、数学的には簡単な問題や、従来の工業数学で記述し、それで解くべきです。

その事に十分すぎる程気を付けてみても、従来の狭い意味の工業数学で記述できないことが出てきているのが、二一世紀の高度化した技術であると考えています。

技術が発展し、扱う問題が複雑化した二一世紀において、物理現象と関連するものがすべて数学的に簡単な問題として表現できるとは限りません。実際、第2章の数学モデルの説明において述べたようにそういう事が起こり始めています。

新たな問題は、新たな言葉として記述されなければなりません。

物理量などの対象を記述するパラメーターを数学のどの分野の言葉で記述するのか、代数なのか、微分方程式なのか、幾何なのかは簡単に判断できる問題ではありません。更に、物理的なパラメーターを数学のどのパラメーターに結びつけるのかもトリビアルではありません。

数学の言葉を選んで、表現することから始めるのです。

代数なのか、解析なのか、幾何なのか

一言で数学で表現すると言っても、その数学が代数的なものか、解析的なものか、幾何学的なものなのか、によって表現の仕方が大きく変わります。そもそも「等号で表現した方が本質が得られるものなのか」「不等号で記述されるべき事実なのか」によって定式化や目標も異なります。離散がよいのか、連続がよいのかなども大きな分かれ道です。重要なことは「対象を合理的に表現する際の言葉は何が適しているのか」という事です。

絵画で例えて考えてみましょう。山水画は水墨画として描かれるべきで、油絵具で描かれるものではありません。パリの乾いた空には水墨画より油絵具が似合ってます。

音楽で言えば、ロックな魂を琴などの和楽器では表現できないでしょうし、ジャジーでメローな想いをリコーダーで表現するのは難しいものです。

対象を表現するにあたって最も自然な言葉を探すのが数学モデルを構築する上で肝となります。そして、最適な言葉を選ぶ能力を持つのが problem builder なのです。「ジャンルを決めず、表現したい対象ごとに言葉を変えて表現する」ということが理想の problem builder です。音楽家で言えば、どんなジャンルの音楽でも最高級の演奏ができるような並外れた能力を持つ人です。「そのような人は有史以来居たのか」と問いたくなりますが、それがオイラー、ガウスなのです。

●第六条：オイラー、ガウスに倣え

高見に立ち現象の本質を切る

現象の本質というものは、とてもシンプルなものです。第2章で述べたように、このシンプルというのは「中学生でも判る」という意味のシンプルではありません。トリビアルではないのです。例えば、確率論において重要な役割をする中心極限定理（もっと言えば0・1定理）や現代幾何に現れるコホモロジーの消滅定理のように、理解するまでは困難ですが、一旦判ってしまうと簡単に感じるものがあります。これがここで言う意味のシンプルさです。第2章で述べたように概念と

レオンハルト・オイラー（1707 - 1783）

言葉を分離することはできません。ソシュールに始まる記号論による結果です。現象の本質をシンプルに述べるということは、新たな概念を新たな言葉によって記述することです。

多くの初等代数問題はそれらの概念と用語を学習した後には「シンプル」に感じられます。同様に、その概念を獲得する過程はとても困難でも、獲得した後にはとてもシンプルに理解できる数学的事実がたくさんあります。

そういう意味で、製造業の開発課題もとてもシンプルなもので記述されます。

例えば、「本質的2次元の問題で流れがあれば必ず淀み点がある」とか、「ある連続パラメーターが付随する軌道を考えれば、必ず焦線が存在する」などの存在定理に従う現象は、工学的にどんなに工夫をしても消えません。

私は企業で数理解析を利用した課題の解決に二十年携わってきましたが、その際の考え方の基本は「オイラーならどうするだろう」「ガウスならどう考えただろう」というものでした。オイラーもガウスも数学者であると同時に数学を操る秀でた技術者でもありました。それも極めて有能な技術者だったのです。

彼らはどんな数学の言葉も自由に操れる数学者でしたので、対象に対して最も適切な数学の言葉を用意して、その言葉で現象を表現できたのです。しかも、とてもシンプルな言葉で現象を切り取ることが出来ました。なぜなら彼らは現象自身もよく知り抜いた自然哲学者でもあったからです。数学の一分野だけに秀でた数学者では、オイラーやガウスのまねはできません。

彼らは現象の本質を短期間で解決しました。当然ですが、大規模な計算機シミュレーションを使わずして、本質を抉ったのです。「刀を抜かずして切った」わけです。

カール・フリードリヒ・ガウス
(1777 - 1855)

開発課題を解決するためには、大規模な計算機シミュレーションを行うこともありますが、基本は「刀を抜かずして切る」であるべきです。計算などしなくとも、十分に系を理解していれば、答えはそこにあるのです。実際、私も大規模な計算機シミュレーションをした後になって、これは計算機シミュレーションをせずとも本質を見抜けたのではないか、「なんだそういうことか」と思ったことが多くあります。

もちろん、我々がオイラーやガウスになれようはずもありません、しかしそこまで至らないとしても、高見に立った人であれば見抜けるであろう事実を、少しでも取りこぼさないようにと心がけるべきなのです。

大規模な計算機シミュレーションは最終手段

今日の産業界では派手な計算機シミュレーションが好まれ、多くの場面でそれらが重宝がられる傾向があります。もちろん、大規模な計算機シミュレーションでしか解明できない事実が多くあり、それが科学を発展させたことは確かです。例えば、気象シミュレーションなどはできるだけ省略せず、大規模な計算をすることが精度を高めます。

実際、企業でも、流体力学や構造力学のように原理が確立され、要求される精度が高い課題に関しては、できるだけ精密で大規模な計算機シミュレーションを行います。そしてその数値自身が意味あるものともなります。

しかし、材料やデバイスなどでは、大規模な計算機シミュレーションよりそれらの本質を見抜くことの方が、現象を制御したり、モデル化する際に有効となります。

大規模な計算機シミュレーションを批判なしに崇拝している人がみられますが、それはどうかと私は思っています。もちろん、大規模な計算機シミュレーションを行う理由がそれぞれあるわけですが、それをやるにしても、計算機シミュレーションをせずに理解できないかと工夫しながらの方がしっくりします。それは、物理現象の本質を捉えるには、長さの最小単位を1として「1000＋1≒1000」という近似がなりたつ現象が、階層的に存在しているという自然感を持つべきと考えているからです。10^3は1を足しても、あまり変わらないという意味で$10^3 \gg 1$です。

長さで言えばサブnmのサイズでは量子力学が活躍する世界があり、サブμmのサイズでは分子間の相互作用が重要な世界があります。後者は量子統計力学的な場の理論で考えるべき世界でもあり、光の波長が効いてくる世界です。サブmmのサイズでは、量子の効果も光の干渉の効果も見えてこない古典的な場の量で記述される世界になります。ミクロの世界を記述する複素数値の関数よりも実数値の関数が活躍するようになります。高分子物理では、高分子の大きさや着目する効果によりますが数サブμmが最も興味深いかもしれません。つまり、注目すべき物理量や物理現象が、サイズによって異なり、それは$10^3 \gg 1$で定まっているということです。量子力学で記述される領域、統計力学で記述される領域、非平衡統計力学で記述される領域、熱力学で記述される領域などが階層的に存在します。余程の例外を除いて、このようなマルチケールな見方は正しいのです。

このような見方をするとある大きさ以下は異なる物理法則によって支配され、平均化され次のサイズに引き渡されるので、細かければ細かい程、あるいは大規模であれば大規模であるほど、現象を忠実に表現できているということにならないことが判ります。そのような自然観を持てば、計算機シミュレーションを実施する前に大体起こるべき事態を予測できるはずです。それはスケールフリーなフラクタル現象なども含めてです[54]。より厳密だからと量子力学を妄信して古典力学的な現象に、量子力学を適用しようとする論文や、量子力学的な現象に古典力学を無理やり適用する論文を見かけますが、憂慮すべき事態です。

メッシュの切り方とか初期値の与え方などは、結果を予測して恣意的な判断が入って初めて、自然現象を正確に再現できるのです。

先に述べましたが、大規模な計算機シミュレーションには、現象を可視化することで、一〇人、二〇人のプロジェクトのメンバが「同じイメージを持ち、同じ方向に向かう」ことで開発を効率化するという、本来の使い方とは全く異なる効能があります。企業では、決裁権を持つ人を納得させるために使われたり、産業機器では顧客を納得させるために使われたりもします。

しかし、それらは副産物でしかありません。現象を制御するためには、現象の本質を見抜くことがより大切です。概念は難しくなるかもしれませんが、オイラー、ガウスがやったように、「一言で現象を記述できるようにすること」が「本質を見抜くこと」です。着目する物理現象の本質は何かに答えられる状態を目指しましょう。

言葉が足りないならば創り出す

多くの現象は現代数学を持ち出すまでもなく解決されるものです。しかし、世界はますます複雑になり、世界を表すのに言葉が足りなくなっていることも事実です。

抽象的な現象の本質を捉える言葉として、現代数学はとてもよいツールを与えます。第五条に述べたように現象を表す最も自然な言葉が必ず見つかるはずです。少なくとも、代数的な事が本質なのか、解析的な事が本質なのか、幾何的な事が本質なのかによって、言葉の種類などが定まるはずです。それらにより、表現する言葉を作り出す仕組みも現代数学には内在しています。更にはジャンルを超えた取り扱いに関しても、より大きな枠組みを厳密に取り扱える圏論というフレームワークが存在します。言葉がない場合には、現代数学に基づいて言葉を作り出せばよいのです。記号論的に言えば、それは概念の創出を意味します。

ニュートンやライプニッツは力学現象を理解するために微分法や積分を発見し、特にライプニッツはそれらを言葉に仕上げてゆきました。ライプニッツの言葉のおかげで、十八世紀、ベルヌイ、オイラー、ラグランジュなどが力学、物理学とそれによる技術を発展させることができたのです。

二一世紀、世界の構造や対象とする現象が複雑になってきています。失敗を恐れすぎて何もできないよりも、「間違っていたら素直に反省する」謙虚さを持って前に一歩でるということも大切です。安易な選択は困難を招きますが、結果に対して真摯であれば、「言葉が足りないならば創り出す」という大胆な考えを持ってもよいと思います。

失敗を恐れるな

我々はオイラー、ガウスではないので、オイラー、ガウスを倣うと必ず、何処かで手痛い失敗をします。それでもよいのです。失敗を恐れていては何もできません。もちろん、その手痛い失敗のほとんどは他人から見れば些末なもので、失敗自身に気づかれないことと思います。それでも、自分としては致命的なミスと感じてしまうものに出会うはずです。それは我々がオイラー、ガウスでないからで、仕方のないことです。オイラー、ガウスのようにパラダイムを超えて完璧な仕事をすることは不可能です。つまり、失敗は織り込み済みです。

しかし、失敗をしたら、小手先の反省ではなく、自分の「やり方」自身や「考え方」自身に根本的な誤りがあると思って、反省をし、やり方や考え方を変更することが必要です。

一つの失敗の陰には、百の失敗があると考えましょう。それも、小物の誤りではなく、根本的な誤りがあると考えるのです。失敗をよくよく考えても仕方ありません。起こした失敗から「徹底的に学び取る」気持ちが大切です。

「オイラー、ガウスを倣う」ということは、そういう意味もあると思って、失敗を恐れず、前に進みましょう。

第七条：線形項、リーディング項を掴め

数学モデルを構築する際のひとつのテクニックは、最小単位以下の影響を無視することです。ゆるい表現をすれば、それは「自然に甘える」という感じです。つまり、自然という大きな包容力に甘えて、深く考えすぎず思い切った割り切りをしてみるということです。

物理には「乱雑近似」というものがあります。非線形性が強く、非常に高周波の擾乱の効果は積分の際に効かないだろうという仮定です。この仮定は状況によりますが、上手く行く場合が多くあ

ります。少し考えると怪しいのですが、更に深く考えれば妥当なものだったりするのです。「深く考えること」と「何も考えないこと」が同じ結論に至る事は自然現象を解析しているとよく出会うことです。所謂ビギナーズ・ラックというものです。

現象の本質を理解するというのは、些末な効果を無視し、主要となる効果を数値化できるようになることです。本質を抉るということも、このような他の効果を無視して主たる効果を見定めることです。

微分方程式論の解法には摂動論という手法があります。非線形項をなんらかの意味で小さいパラメーターεで記述して、εの次数で整理して、非線形の現象を表現するという手法です。εに依存しない効果を線形項と呼びます。そしてεについて1次の項をリーディング項と呼びます。

数学モデルの構築で一番重要なのは、線形項です。これが系の大部分を支配しているはずです。その次に重要なのはリーディング項と呼ばれるものです。線形項からの差異として現れます。線形項の現象を十分理解でき、制御できているときにはこのリーディング項が差異として現れ、特異な現象を提示したりします。

数学モデルの構築で、主要効果は線形項にあり、特異な現象の本質はリーディング項であることが多いという事実は注目すべきです。

ここで大切なのは、更に高次のところに本質があるだろうと考えないことです。「できるだけ、少ないパラメーターで現象を記述する」とか「できるだけシンプルなモデルとする」という原理に従って、どうしてもという時以外は差異に目をつぶるのです。差異に目をつぶれるか否かについては、最終的なアウトプットとして求められる精度や製品仕様との比較で決められるべきものです。単なる学際的な興味ではありません。

その意味で、本質はεについて0次の線形項か、1次の項であるリーディング項に着目することが大切となります。「非線形効果により○○となる」と言えば、高級な事をやっているような錯覚に陥りがちですが、多くの場合は線形性は主要項となっていますし、非線形と言っても、高々リーディング項の効果を取り入れるだけで解決できたりするものです。

まして、複合したシステム全体を眺める際は、些末な個々の差を議論しても意味がないことが大方です。

「問題を難しくし過ぎない」ことや「仕様として求められる以上に細部に拘らない」ことは解析を行う上で肝となる考え方です。

教科書の問題であれば、「ある微分方程式を考える」というのは、その微分方程式が既に先天的にそこに存在しているということです。

しかし、製造業の現場などで「ある微分方程式を考える」という行為は、数多ある微分方程式の中でそれを選択することです。線形方程式なのか、非線形方程式が本質なのかを選択するのもその作業の一つです。それは一般にとても難しい作業です。更には、その求められる精度なども考察せねばなりません。それらを大胆な割り切りで対処せねばなりません。

高見に立った理解をするということはそういう事です。現場の問題は現場の担当者が一番知っているということを述べました。このことは、今あなたが抱えている問題は担当者であるあなたが一番よく理解しているということを意味しています。弱点や難易度も含め理解をしたら、逃げることなく大胆に、現象の本質に近づくのです。その際、上述の「線形項、リーディング項を掴め」は一つの規範として持っておくべき心構えです。

●コラム２…市井の数学

文部科学省科学技術政策研究所は、二〇〇六年に「忘れられた科学‐数学」というレポートを発行しました。諸外国と日本との数学研究の科学研究費、論文数、研究者の状況の比較や、諸研究分野から数学への要望などをまとめたものです。『「モノや構造を支配する原理を見出す」観点から、数学にはイノベーションへ寄与する可能性があり、数学と産業、数学と他分野との共同研究実施に向けた検討や体制整備が必要』等、日本の数学界が外部と連携すべきであると書かれています。

「数学によるイノベーションへの寄与」を目指すという事は、様々な分野の数学者が市井に出てゆくべきということです。

大学には「大学に残る＝成功者」という意識があろうかと思います。多く数学を志す人は「イノベーションへの寄与」などは考えたことはないでしょうから、高校の教師になるかできれば大学に残りたいと漠然と考えているのではないかと思います。もしも「数学を学ぶ者の夢＝大学で数学を職業として行うこと」だとすれば、文科省のレポートは夢が適わない人が沢山輩出されることを要求しているとも見えます。

もちろん、大学の数学の教員数はまだまだ足りないかもしれませんし、しばらくは数学の大学のポストを増やすことは重要なことかもしれません。それでも、大学の教員のポストの需要と供給のバランスの崩れは既に問題となってきています[23]、[7]。

学生にとっては「夢が適うか適わないか」は大きな問題です。山下達郎が二〇一一年八月に朝日新聞朝刊の就職関連の紙面「朝日求人」の4回に渡るインタヴュー記事で、この「夢」について述べていました。

山下達郎（1953 - ）

『「夢は必ずかなう」という言葉が独り歩きしている時代ですが、僕は「夢はかなわない確率のほうがずっと高い」と思う人間です。ですから、懸命に努力し、その結果夢がかなわなかった時にどうするのか、それをも想定して仕事をするべきではないか。（中略）夢を最初から暴走させてはいけないのです。』別の回では『僕はアーティストという言葉が好きではありません。知識人とか文化人といった、上から目線の「私は君たちとは違う」と言わんばかりの呼称も全く受け入れられない。名が知られていることに何の意味があるのでしょうか。市井の黙々と真面目に働いている人間が一番偉い。それが僕の信念です。（中略）職人たちは有名になることにはこだわりがないでしょう。人の役に立つ技術を自分の能力の限り追い求めているだけ。

それが仕事をする人間の本来の姿だと思います。』と述べています。

十九世紀を機械の時代、二〇世紀を物理の時代と捉えた際に、二一世紀は数学の時代と捉えられると感じます。これは文部科学省の呈した主張というより、時代の潮流です。

数学が世界に影響を与えてゆくには、数学者が市井に下りて行くべきであるのは確かです。これから数学が普及してゆく中では山下達郎の言葉を借りれば文化人ではない職人としての数学者が多く育つことが必要であるということです。

企業での数学はとてもエキサイティングで深いものです。数学を志す人々に本書が少しでも影響を与えるならばと希望しています。

第Ⅲ部 ものづくりの数学技術者への道（勉強方法編）

第6章　理論技術者が理論技術者であり続けるための六ヶ条
第7章　異分野の研究を理解するための七ヶ条
第8章　現代数学を独学するための六ヶ条

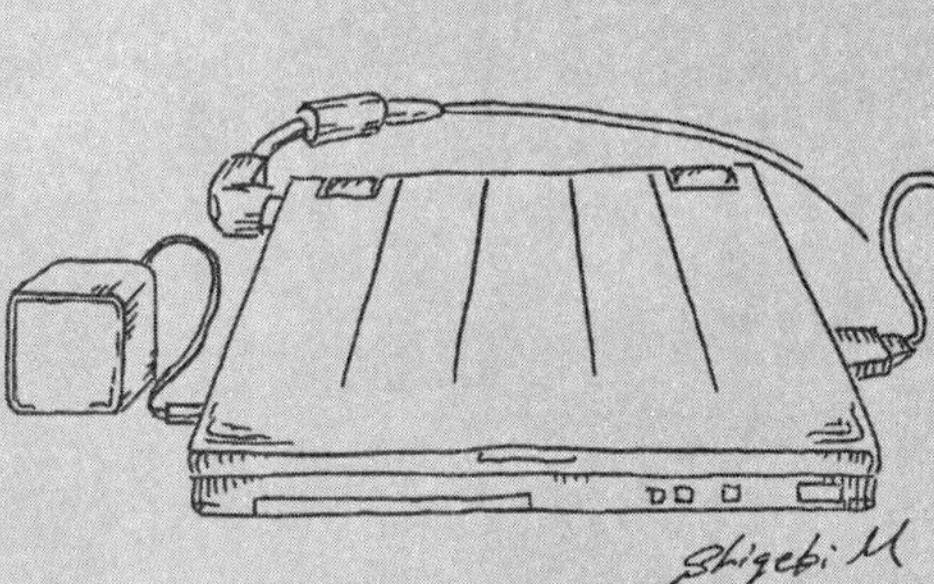

私はキヤノン（株）に入社後、製造業での理論解析に二六年従事しました。様々な業務に携わり、二〇〇四年からは管理職として、幾つかの解析業務のプロジェクトをマネージしてきました。そうした会社での仕事と並行して、自宅で過ごす休日に数学の研究を行い約50以上の論文を出版しました。私は図らずも、現場の理論解析と、所謂、アカデミックでの理論研究の両方にたずさわりながら過ごしてきたわけです。

企業人は機密の問題を抱えているので、技術や理論に関する実務的な話題を社外の人間と自由に交わすことはできません。しかし私は、技術屋、理論屋として自分をブラッシュアップするために、常に新たな風にあたり、一流の研究者と議論したいと考えていました。

その結果、私の業務外での研究は、段々と企業活動と遠くなり、理論物理、物理数学、そして、純粋数学に移行しました。二〇〇〇年頃からは完全に純粋数学についての論文を書くようになりました。

思いがけないことに、こうした自宅での数学研究の結果自分に数学の力がつくと、企業での問題がよりクリアーに見えるようになってきました。数学力が企業での問題解決力を大きくパワーアップさせたわけです。それにより企業での研究開発がとても面白く感じられるようになりました。

技術者でありながら、同じ脳の中に数学者が居るので、多くの事が瞬時に判りましたし、知り合いの大学の先生に質問する場合にでも、質問すべき内容を技術の問題ではなく数学の問題として設定できました。

「成長しなければ即後退」というのが技術人の世界です。理論技術者が理論技術者として一線で活躍し続けるための方法などを伝授するために書いたものが第Ⅲ部です。

特に、企業で取り扱う問題は複合的なものが多く、異分野の研究を取り込んでゆくことが求められます。技術の複雑化に伴い、大学で習ったものとは全く異なる分野に取り組むことが求められる、そういう時代になっています。

そのために、異分野に立ち向かう際の心構え、更には理学部数学科卒でない技術者が現代数学を学ぶ際のコツなども紹介します。

第６章　理論技術者が理論技術者であり続けるための六ヶ条

第一条：仕事は7割で終わらせよ

アインシュタインは特許庁に努めているとき、特許に纏わる仕事を靴屋の仕事と呼んでいました。つまり、本業は一種の作業であったという事です。それを午前中に終わらせて、午後の時間は、自由な研究に充てていたと聞きます。

あなたは自分の時間の何割を業務に充てていますか？　あなたの今やっている業務がとても大事だとしても、そのトレンドは十年後に全く異なるものになっているかもしれません。

その確率は年々高くなっているというのが第一部で述べたことです。

十年後の業務が全く異なるものになってしまったとしても、過去の経験は必ず活かせます。しかし、活かすためには常に自分をブラッシュアップしておかなければなりません。

例えば、スポーツ選手が足腰を鍛えるためにランニングやストレッチをオフシーズンでも欠かさないように、研究者にも日頃から最低限やっておかなければならないものがあります。それによって得られる底力が必要なのです。時流に乗っているだけでは新たな視点は生まれません。

頭脳は「進歩がないなら、それは退化」と思うくらいで丁度よいものです。時間を充ててブラッシュアップをせねばなりません。そのためには少なくとも時間を確保しなければなりません。

標語的には「仕事は7割で終わらせる」ことを目指しましょう。この意味は

1．随時、仕事の棚卸をして、「やらなくてもよいもの」はやらないと決めて切り捨て、今やるべき仕事をスリム化する。

2．今やるべき仕事を凝縮して、本来かかる仕事時間より早く終える。

の2点です。

前者は、第4章の第三条「置き石を踏むようなロードマップを用意せよ」で述べたように、To-Do-Listを利用して、やらないことを決めるのです。「やらないこと」を決めることは究極の業務改善です。GEの業務改善のワークアウトの目標は正にこれでした。日本人の不得意な領域です。一見、必須なことのように見える業務も、少し俯瞰すると何の意味もなかったりします。ゲームのジェンガの始まりの頃と同じように、抜いても何の影響もない業務というものが結構あります。

後者は、やらなければならない業務を工夫することによって、できるだけ短時間で終えるというものです。後のコラムで詳しく述べますが、やるべき仕事もクロック・アップによってかかる時間はずいぶん短くできます。

前者の「やらないこと」を決める際の注意点は、「自分の裁量の範囲」をきっちり認識しておくということにあります。企業において、上司の命令は絶対です。「やらなければならない」という命令には、自分には見えない重要性が秘められているかもしれません。従って、勝手に「やらない」とすることはNGです。しかし、各自の裁量の範囲で決められる業務もあるはずです。その範囲で「やらなくてもよいもの」がたくさんあるように思います。

企業において、自分に決裁権がない場合、判断の内容や仮定による結果を必要以上に悩むのは無意味です。上司に決裁権のある「あるプロジェクトをやる、やらない」の判断があったとしましょう。

関わりがなければ、思い悩むのは全くの時間の無駄です。直接関わる場合でも、決裁を行うのは上司だということを常に念頭におくべきです。企業では、決裁者が決裁を行うに際し、決裁者が必要とする情報を準備しておくことと、各自の意見を述べることが求められます。決裁者の質問に備え、自分が決裁者だったらということを想像して判断の結果によって予想される事項を検討しておくことは必要です。しかし、あまり、考えすぎても仕方ありません。決裁を仰ぐという姿勢は大事です。

例えば、どの程度の質が要求されているのかが判らない業務は、途中の仕上がり状況を、上司に相談するということもできます。上司によりますが、「手を抜いてよい」とか「ハイ・クオリティで頼む」とか助言をもらえることもあると思います。それでやらなくて済む仕事もあるのです。決裁を仰ぐという姿勢で、自分の仕事はできるだけスリム化するのです。

このようにして、仕事の時間を7割にできたとしたら、残りの3割の時間を自分の将来のために使えます。が、そんな理想的なことは恐らく無理です。そもそも7割を目指しても8割くらいにしか減らせないものです。更には終えたら終えたで、雑務などが見えてきて1割程度は費やされてしまいます。それでも、どうにか残りの1割が残ります。その1割を自分のブラッシュアップのために充て、将来のための勉強を行うのです。

まずは「仕事は7割で終わらせる」ことを目指してみましょう！

第二条 … 時間はないと思え

時間はそもそも「ない」

「時間があれば」とボヤくのをよく聞きます。「一日が二十八時間あればよいのに」などとつい呟いてしまいがちです。

そもそも現代人に時間は足りないのです。それは誰もがそうです。

時間が足りない我々社会人がどうやってそれを克服できるかといえば、その鍵は継続です。学生時代は一年、二年単位で結果を出さなければなりませんでしたが、社会人の自己研鑽はそれとは全く違う性質です。長期の目標を立て、継続することによって結果を出せればよいのです。

まずは「時間があったら」という仮定話は止めましょう。それは時間の無駄です。

若かった学生時代は徹夜を連続でできたしょうが、社会人がそれをしても身体や精神に無理を生じるだけです。長続きしないやり方は意味がありません。

勉強だけしていればよかった学生時代のように「連続した一時間を想定して、その間、数学を行う」という理想的な計画を立てることもムダです。最初から、誰からも邪魔されないまとまった時間などはないものだと考えるべきです。

一〇分×三六〇日×三年＝一時間×一八〇日

時間のないあなたが毎日一〇分の時間を捻出することは無理ですか？　一〇分程度なら、例えば通勤途中の電車の中などで確保できそうです。そういった、何気なく無駄にしている時間をどれだけ利用できるかが勝負です。仮に毎日一〇分を研究に利用できれば、一週間に一時間の時間が手に入ることになります。

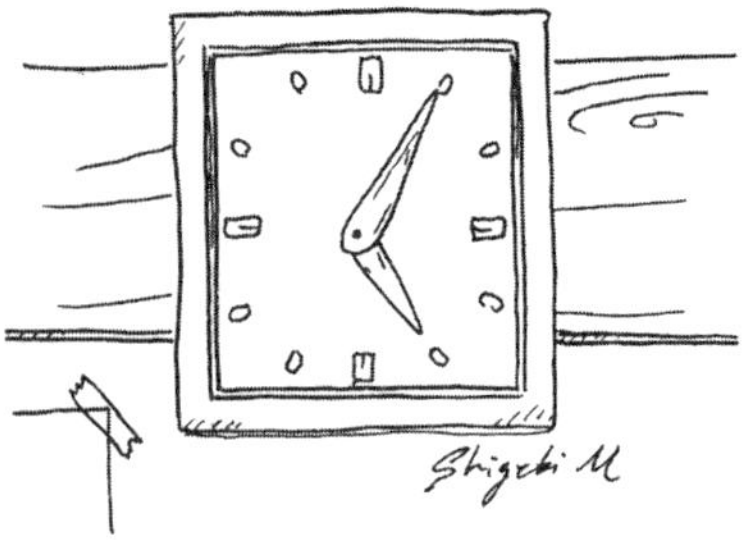

会社人生は学生生活（六・三・三・四年の一六年）よりもずっと長い三〇年のスパンがあります。

毎日一〇分でも三年かければ、学生時代毎日一時間かけて半年でできたことと同じことができます。往復一時間程、電車に乗っている人が、三年間、それを勉強に充てれば、学生時代、午前中、三時間かけて1年間勉強していた事と同じことができるのです。

私の場合は通勤電車の行き帰りの時間で論文を読んだり、計算をしたりして研究をしていましたし、そこで数学科で学ぶべき教科を一〇年くらいかけて勉強しました。

時間は有限です。「時間がない」と飲み屋で愚痴をこぼす時間を勉強に当てれば、その分、前に進みます。それらを積み重ねればびっくりする程の量となります。

小学校の夏休みの計画はＮＧ

小学生の頃たてた夏休みの計画を思いだしてみてください。毎朝○時間ドリルをやるとか、宿題を７月のうちに終わらせてしまうとか、明らかに無謀な計画を立てませんでしたか？ 大人になっても人は、つい、無理な計画を立ててしまい勝ちです。しかし、会社人が通常の業務をこなしながら何かをやりたいと思うときに、こういう計画はＮＧです。できもしない計画は全くの無意味です。三年・五年といった長いスパンで研究を持続させ結果をだすためには、計画は無理のないものでなければなりません。完成度が低く、適当な計画の方がむしろ柔軟性があり良いのかもしれません。誰かに見せられる程度でもなく、「自分としてはもっと立派なものにしたい」と考えているくらいのものが良いのです。

目標を高く持つことは大切ですが、会社人である以上は実現可能性の方がもっと重要です。「できること」と「やりたいこと」は違います。「できること」を積み重ねてしか大きなことはできません。「夢は天に足は地に」です。「できること」を積み重ねて「できないこと」に到達すべきなのです。

●第三条　：　ロードマップを持て

第4章の第三条でものづくりの数学を活用するために業務遂行のための「ロードマップを持て」と述べましたが、各個人も自己研鑽のためのロードマップが必要です。以下、個人のレベルでのロードマップの話をします。

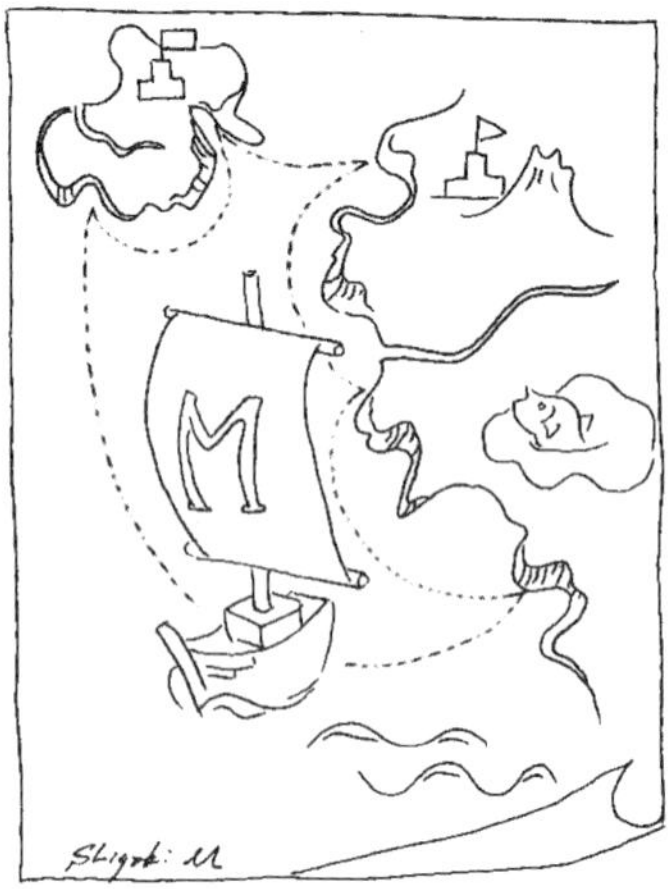

時間を割いて将来に備える

キヤノン時代、私は部下に対して、上司に秘密を作ることを推奨していました。ひとりの技術者としても、会社に帰属する人間としても、真摯で誠実だと思える部下に対しては特にそう言っていました。具体的には、業務時間の10分の1～5分の1程度、将来の自分のための時間を持つように、そしてその研究内容のすべてを報告する必要は無いと言っていました。

数学を含む理論科学はさしてお金がかかりません。半導体デバイスで新しいことをやるのには、資金が必要ですが、数学をやるのは時間さえあればよいのです。そのことも手伝ってこのようなことが言えたのも事実ですが、ともあれ企業の管理職としてとてもよい効果をあげたと思っています。部下も暇ではありませんから容易いことではなかったでしょうが、それでも就業時間後も含めれば10分の1くらいの時間を使って将来のための勉強をしていたと思います。一～二年、長いと三～四年間くらいは効果がでませんが、やがて徐々に視野が広がり、各自が自分の眼で判断できることが増え、試行錯誤による無駄な時間が減り、業務効率改善につながりました。

日本では残業をして汗をかくことが尊ばれる傾向にありますが、究極の業務改善は無駄なことで汗をかかないということです。全体的な視点から無駄を省き、各自が同じ方向を向き、各自の異なる業務を並列して遂行できると業務の効率は極めて高くなります。

そのためには、各自が高い技術視点から「何をすべきか」を判断できる力を持ち、判断した業務を無駄なく遂行する能力を持つことが大切です。残業して汗をかいて無駄を重ねるより、業務をスリム化して、将来に向け自己のレベルを上げ、よりスマートな仕事が無駄なくできるような力を持つことに尽力すると、よい循環が生まれます。

Aという仕事をする際に、隙間時間で自分が目指すべき方向の勉強をする。Bという仕事を仕上げる際にも、同じ方向の勉強を少し余分にする。そういった所謂自己研鑽を二年くらい続けたと考えてみてください。

恐らくどんな研究分野でも、大学院の修士に入学後約二年間でその分野の専門家の卵になれます。博士過程の二年目くらいには、独自の論文を書けるレベルになるのですから、立派な研究者です。目指すはこの専門家の卵です。

修士一年めは勉強の仕方や、学問に対する姿勢、勉強方法なども学びます。更に二年の後半は、修士論文に向けてとても狭いところを追及するということになります。そこで論文の書き方の指導なども入りますので、修士は二年間と言っても、専門家の卵となるための勉強時間は、大体一年間と見てよいでしょう。大学のカリキュラムに沿っての一年（三十週×（ゼミ六時間＋自習＋基礎教科））は、正味の勉強時間としては（30×20＝600）時間です。

それは、会社員が自己研鑽を三年間くらいかける時間（360日×0.5時間×3＝540時間）に匹敵します。あなたの基礎的な知識やバックグランドにも寄りますが、近い分野であれば専門家の卵になれるのです。一方どんなに離れた学問分野でも、更にその倍程度かければ専門家の卵になれることを意味します。

実際、私は物理学科出身ですが、出身をあまり気にせず数学の研究論文を書き、学生へ授業ができるレベルになりました。もちろん、純粋数学の論文が出版されるようになるのに一〇年を費やしました。大学一年から入り直したと思えば、上のオーダー評価の通りです。

俯瞰する力を持つ

産業の現場で数学を活用する際に最も重要なのは「俯瞰する力を持つ」ことです。ある程度高いところへ登ることができるようになり、そこから事象を眺めると、今までなかった感覚を得ることができるでしょう。論文を書いて卒業する義務もありませんから、修士卒レベルになったら、更により高いレベルを目指せばよいのです。「俯瞰する力を持つ」というのは「あなたの自然観を持つ」と言い換えられます。オイラー、ガウスが持っていたであろう彼ら独自の「自然観」を持つのです。「俯瞰する力を持つ」ことで、自然観、世界観が劇的に変化します。資格や賞や賞賛より、もっと尊いものです。

そのようになると技術的なことが、その分野の視点からではなく、全く異なる視点からすっきりと表現できるようになります。所謂、視界が突然開けたような、脳でドーパミンが広がる感覚が味わえます。ほんの一瞬ですが、「オイラー、ガウスになれた」と錯覚を覚えたりします。我に返っても「オイラー、ガウスは楽しかったろうなぁ」と思うのです。

このように「自然観を持てる」と「刀を抜かずして切る」かのように、問題が自ずから解けてゆきます。究極の業務の効率化です。まずは自身が「高く登る」のが肝要です。そのために、有限な時間を少しずつでも割かなければなりません。

何をやるかは覚悟が大事

産業界での研究は企業の中の活動ですので、単なる好奇心のみで動いてもあまり意味がないかもしれません。将来、企業で活用できそうなテーマを選択すべきだと思います。

企業で活用できる、と一言でくくってしまいましたが、それは必ずしも直接的に活用できることに限りません。ベーシックな位相幾何や代数、解析などは、それがベーシックすぎる故に企業で直接役に立つことはほとんどありません。しかし、それを学ぶのは大きな意味があります。なぜならそれらを学ぶ前と学んだ後では、考え方や物事の見方などが全く異なるのです。吉川の設計論の意味することも難なく分かるでしょうし、新たな発想が生まれるようになり、企業での研究開発にとても役に立つものとなります。

ですから、どこにどう役に立つかという事をあまり突き詰める必要はないと思います。人生は有限ですから、どこに自分の時間を投資するかという視点の方が重要です。そして、決定したら、しばらくはその作業を続けてみるべきです。

続けてゆくという意味では、自分の興味や関心を持続するように努めることも大切です。例えば、セミナーに参加して聞くとか、研究会に足を運ぶとか、あるいは、尊敬し憧れる人物を想定するとか、その手段はいろいろあります。（見知らぬセミナーに出席すると、初めはアウェイ感のために針の筵の気分となると思います。しかし、大学はオープンですので、迷惑さえかけなければ非難されることはありません。異分野のセミナーへの出席の際は「恥は旅のかき捨て」と腹をくくり、隅の方で聞いていればよいのです。参加したい旨のメールや、出席時の挨拶など、社会人としてのマナーは必要ですが、余程でなければコミュニティに気に入られることも必要ありません。その後の飲み会に出席する必要も必ずしもありません。研究会の内容に注力するのです。もしも、何度か同種の研究会に行くようになれば、顔も覚えられるでしょうから、気が向いたら、コミュニティに入っていけばよいのです。その頃には、コミュニティの共通用語（パラダイム）にも慣れて、少しは話ができるようになっているはずです。）あなたの好みの手法で、自分の興味や関心を奮い立たせるしかけを用意することが大切です。人も組織も外圧によってしか変わりませんので、面倒と思わずに、外圧を自分にかけることはとても大切です。

私は「オイラーの見た世界を少しでも自分も見たい」という大いなる願いを漠然と抱いています。それは無謀な願いであると同時にとても魅力ある夢です。お陰で今も飽きることなく研究を続けています。小さい目標や夢は叶ってしまい勝ちですので、漠然とした大きな夢を持つことはとてもよいことです。

話をテーマに戻すと、私は個人的な研究と会社の業務に直結する研究の両方をやることをお勧めしています。次で述べる、3種類の本の話に繋がります。会社の業務に直結することの勉強と、自分の興味のみに沿った勉強を並行して行うことは、実は効果が倍増する勉強方法なのです。

第四条…3種類の本を読め！

今必要な本、一年後、二年後に必要な知識のための本、一〇年後を見据えた本

日々の業務や日々の研究のための勉強と、遠くにある高い山を登るような勉強は、そのやり方や、アプローチの仕方が全く異なります。そして、どちらも欠かせないと私は考えています。

前者を怠ると即座に日々の業務に差し障りが出てくるので、こちらは判りやすいのですが、後者を怠ると、一〇年後に悲劇が訪れます。博士過程などを終えた研究者がその継続として同じテーマを研究していると、あるときパタリとそのテーマが終焉を迎えることがあります。目標とした問題がなんらかの意味で解けてしまったり、そのテーマが急に色あせてしまったりするのです。トレンドであった研究テーマでも、一〇年くらいたつと社会情勢や学会自身のトレンドが変化して、時代に合わなくなってしまうことがあります。流行りの工学的なテーマは社会情勢や技術の情勢の影響を更に受けやすく、数年で入れ替わると思っておいた方がよいかもしれません。

ものづくりの数学を操る技術者は「俯瞰する力」が大事です。本来、ものごとの俯瞰は幅広い自然観によってのみ可能となるものです。そのためには自然観の幅を一生、広げ続けることが求められます。常に、新たな視点の基軸を模索しその自然観を拡げられるか否かが、解析技術者として一流になれるか、二流になるかの分かれ目となると考えています。

そのために、私は日頃から3種類の本を同時進行で読むことを心がけています。3種類というのはこのような本のことです。

今必要な本

まず一冊目は、今、あなたが関わっている業務や研究に直接役に立つ本です。あなたがなんらかの意味で技術に関わっている以上読まなければならないものです。これは必須なので、もう既に読んでいるかもしれません。業務の計画に沿った期日までに、この本を読んだ効果が得られることが期待されています。ゆえに、読む作業が砂を噛むような思いであっても耐えて理解し、アウトプットを出さなければなりません。内容をなんとか理解し、公式を公式として使って今抱えている問題に適用できるとか、演習問題を少し改良して、今抱えている問題に応用できるレベルになることです。

しかし、真髄まで内容を理解したり、自然観に影響を与える程の理解は要求しないことにしましょう。逆に、このような読み方では浅い理解しか得られないことを自覚して置きましょう。このレベルで、公式を使うことであたかもその分野を理解したと錯覚してしまうと、学問的な広がりはありませんし、公式なども間違った使い方をしている可能性も否定できません。

一年後、二年後に必要な知識のための本

二冊目は、一～二年後に何かが身につくのを目指して読む本です。一冊目の本の本質を理解する

ために、一冊目の本の基礎となるような本がよいかもしれませんし、技術から離れた、数学的な基礎の本がよいかもしれません。とはいえ、ある程度、期限を区切って半年〜二年で読み終わるような本を選び、計画的に読み進めるべきものです。

一〇年後を見据えた本

そして、三冊目は、一〇年後を見据えて読む本です。難易度の高い、内容も硬い本に取り組みましょう。この本は、読み終わることより理解することを優先して、時間をかけて読み進めます。難しくて判らなければ、関連する別の本を読んで理解しながら読み進めるのです。できれば、きっちり書かれた数学書がよいです。あなたが勉強をしたことのない分野の本なども良いチョイスです。

この三冊目の本により「論理的に理解してゆく」ことや「証明するということはどのような事なのか」ということを身に付けてゆくのです。基礎トレーニングの一環です。手ごわい本の同じ個所を何度も何度も読む事により、下を向いて本を読むという行為自体に楽しみを感じてほしいと思います。下を向いてというのは「先に進もう」とか「読み終わるのは何時になるのだろう」などと考えず「もくもくと読む」という意味です。

今日の収穫と共に、一〇年後のための種まきは大切なのです。三冊目の本は種まきのための本です。

ノートを作ることの効用

3種類の本はそれぞれ、ノートを作って、本やノートに日付を入れながら読みましょう。私は古いノートを見返した際に十二月二十五日や一月一日という日付に気づいて、びっくりしたりすることがあります。正月であろうが、クリスマスであろうが、隙さえあれば勉強していたのです。見返すのは再度同じ本を読んだりした際ですが、一〇年くらいたつと当時疑問だったことがスラスラと判ったりします。それは、3種類程の勉強を常にやっていた成果です。一〇年前に蒔いた種が実になったことを感じる瞬間です。

ノートを取ることの最大のメリットは、視覚と動作で本の内容を再体験できることにあります。定義や定理を写すだけでもよいのです。ただし、できるだけ自分の言葉で書き直すようにしましょう。不要な処を削り、自分にとって足りないところを足すのです。そのことで、自分の理解度のチェックを行うことになります。

例えば、大学生が自分の研究内容をセミナーなどで発表すると研究内容がよく判るようになったりします。それは人に聞いてもらうために、自分の言葉で内容を伝えようとする操作によって、自分の理解の確かなところと、不確かなところを認識できるのです。その操作が理解を進めます。しかし、普通の社会人の周りには自分の話を辛抱強く聞いてくれる奇特な人はいません。ノートを取ることのもう一つの重要な点は、ノートを取ることで、自分が聞き役になれることです。自分との対話です。ノートを作って、しばらく経った後に、要約した内容が自分で理解できるか否か、それによって、自分の理解をチェックするのです。

更に、苦しいときにどこまで進んだかという指標にもなります。マラソンする人が全国地図にこれまで走った距離を書くように、ここまでやったぞという自分へのご褒美のような意味もあります。もちろん、要約を教科書に書き込むことでも代用できますし、ご褒美という意味では本を横から眺めて、その汚れ具合が進んでゆくのを観察するのもありでしょう。人によってやり方は異なるとは思いますが、ここではノートを取ることをお勧めします。

第五条　…　流行より基礎的・本質的なことを固めよ

先に書いたように、私は企業の研究では三ヶ月に一度結果を出すべきであると考えています。実際に、キヤノンでの仕事は三ヶ月単位で結果を出すのが基本となっていました。

一方、深い課題は解決するのに数年はかかるものです。会社創業以来の課題などというものもあります。これらに対応するには、三ヶ月単位の課題の解決を重ねながら、付き合ってゆくことになります。

悪い言い方をすればだましだまし、答えを出すのです。それは当然納得のゆく答えには遠いものでしょう。それでもそういうことを繰り返しながら、より根本的な解決を目指してゆくのです。

私は業務を通して、初めて確率論の問題に出会い、それから独学で確率論の勉強をスタートしました。確率論の研究者ならば知るべきところのミニマムから始め、それを理解すること自身を楽しみとして勉強をしてゆきました。それらは三ヶ月毎のアウトプットとは全く独立に行いました。そうして数年後、私は曲りなりにもきっちりとした原論文が読めるレベルに到達していました。そこに至ると、そこから見る風景は以前とは全く異なっていました。

俯瞰する力を持つと、全く異なる発想が生まれます。「三ヶ月単位」の会社研究では到底到達できない発想ができるようになるのです。私は抜本的な解決がなされていなかった課題に対して提案が出来るようになっていました。実際、提案により問題は解決に向かいました。更には、同様な問題が社内には複数あり、確率論の理解に基づいた適切な提案が出来ました。基礎的な「測度論を含めた確率論のきっちりとした理解」と、「現場の課題」のきっちりとした理解とによってはじめてできることです。とてもエキサイティングな経験でした。

構築した数学モデルは実験データを実によく再現しました。あまりにスムーズにできたので、私の考察を知る部下たちを除くと「どこが非自明なのか」に気づかないくらいでした。機密上、それらの多くは論文などで公表できるものではありませんが、論文でも見かけない斬新なものであったと自負しています。「刀を抜かずに切る」ということの実例です。

例えば「球体の上側の頂点に小さな箱を載せる」という課題があったとしましょう。企業研究者としてはそれを遂行しなければなりません。しかし、一見自然の摂理に反するように見える課題を、手持ちの技術や知識だけを駆使して解決するのは困難でしょう。

しかし、システム全体を考えたり、自然の摂理をもう少し突き詰めることで自分の技術力や知識を高められれば、異なる方向性や画期的な解決策を提示できるかもしれません。それが実現したときにこそ、ブレイクスルーが起きるのです。

特に、基礎的な数学的な知識は、その助けになります。数学は言葉ですから、言葉によって対象を客観視できれば、大きな一歩が踏み出せる可能性が高まるのです。

異なる方向性を提示するには、対象とする系をよく知ることが大事です。実験データをよく見て、現場の技術者と対話し、あるいは自らが現場の技術者となって、対象を数学で記述するのです。

仮にこの課題が解決できず、次期製品には間に合わなかったとしても、次々期の製品の技術課題として長期的に取り組めばよいのです。数年がかりでも改善すると意味がある課題は、企業の現場にはたくさんあります。

きっちり理解するためには基礎的なところからの理解が必要となります。これを理解しなければ先はないという状況であるのならば、とるべき行動は明快です。やればよいのです。

あなたが、そのような抜本的の解決に取り組もうとする際に、「三年かけてよいか」と上司に相談した場合どうなるでしょうか？　それは決して認められません。会社での研究に三年というスパンはおおむね長過ぎます。ならば、諦めますか？いえ、取るべき方法は一つです。上司や周りの同僚にも黙って自分ひとりで黙々とやればよいのです。但し、業務全体の時間の一割以下に収めるべきでしょう。上司からあまり目立たないように。場合によっては自宅や通勤電車内での時間も活用すべきです。

4条の三冊目の本のような純粋数学の本を読む際には、急いだり慌てたりしてはなりません。1冊を読み終えるのに、二年、三年かかることもあるでしょう。でも、問題は逃げませんから、腰を据えて取り組む姿勢が大切です。難しい問題は時間がかかるものなのです。何時アウトプットが出るかなどという世俗的な評価は考えず、下を向いて黙々と理解を目指す姿勢が基本です。新しいことを進めるにはには、下を向いて「ただ進む」という時間を要するものです。

色々なアウトプットが出そうになれば、つまり射程距離内に入ればダッシュする必要がでてくるかもしれませんが、それまではできるだけ基礎的なところをきっちり理解するのです。そうすれば、必ずその効果が現れます。どこかで課題は広い意味で解決されることになります。

もしも、途中で、職場が変わるとか、研究課題が変更になるといった状況の変化があったとしても、自分の身につけた基礎的な分野の理解は必ず、後で血となり肉となります。私は同じ時間を掛けるのならば、あえて流行りのものに手を出さないことも大事だと思っています。

基礎的な知識は、それとは別な事を勉強する際に必要となる時間も短縮してくれます。つまり、新たな分野に取り組んだ際の武器にもなるのです。

第六条 … 公式は忘れよ

極端に聞こえるかもしれませんが、数学の定義や公式などは一度理解したら、忘れてしまってもよいのです。なぜなら必要な時に思い出すことができるはずだからです。数学の定義や公式、定理などの多くは、自然の摂理に沿って出来上がっているので、次元解析やよい例題などを使えば忘れていても再構築できるはずです。「自然に出来上がった」というのは、完璧であるという意味です。定義、定理などは、初見では不自然な人工的なものと思えても、よくよくその本質を理解した後ではそれ以外のものは存在しえない完成品であることが判ります。わずかでも足すことも引くこともできない完璧さがあります。

現代数学の素晴らしさは、そういう完璧さにあります。完璧な言葉を利用できるので、無駄なところに神経を擦り減らすことがないのです。くもりなき信頼性です。言葉に対する完全な信頼が持てるようになると、間違いがあったら、それは言葉以外のところにあることが判り、モデルの構築などが容易になるのです。

非数学分野における現象の説明などでは、言葉が足りないために、比喩や曖昧な感覚を酷使したり、暗黙の了解を仮定することで、現象を表現することが多々あります。そのために、人によって理解が微妙に異なるということが起こりえます。それと比較すると数学は、厳密な科学ですので、人や時代に依存せずに定まることができます。ものづくりの数学が判るようになるためには、そういう信頼できる言葉を自由に操れるようになることが、必須となるわけです。

その完璧さというものは「自然さ」というものの上に構成されているので、内容を理解さえすれば、いつでも自分で構築できるものです。

設計技術などでもそうですが、私は「一度忘れて、自分で再構築する」という事が自由にできるようになって、初めて技術者なれたと言えるのではないかと思います。いつでも忘れられるというのは、すなわち内容を完全に理解できたということです。数学も同様です。信頼できる言葉を自由に操れるとはそういうことを意味しています。

私自身そのようになりたいと目指してきましたし、実際に数学の幾つかの分野についてはそのようになれたと自負しています。

世間ではマニュアル文化が流行っており、企業や技術でマニュアル化が重要視される風潮がありますが、マニュアル文化は「公式」にしがみ付いているようなものです。型を作ってそれを微小変形すればどうにかやり過せるという考え方では、新しい世界には行けないと私は考えています。

コラム３：クロック・アップ作戦

今抱えている業務を７割に収めさせることを目指して、私が行っていたのがクロック・アップです。処理能力をアップして、業務にかかる時間を圧縮させることを目指すのです。私は、業務においてこのクロック・アップを常に意識していました。クロック・アップというのはコンピューターの演算速度を上げるということです。

仕事を1.4倍の速さでこなせれば、かかる時間を7割に収めることは可能です。そんなに単純なものではありませんが、基本的な考え方はこれです。これを目指すのです。

例えば、抱えている仕事を考えなければ進まない仕事と単純作業の二つにわけます。考えるべき仕事は机に座ってやらなくてもよいので、早い内から準備をして考えられる状態にし、通勤の歩きながらとか、風呂に入りながらとか、そういうところで行います。他方、単純作業の書類作成などは会社のデスクに座ってしかできませんので、それはそこで行うわけです。こちらは、考えては進め、進んだら考えるなどではないので、とてもスピードアップできます。文章を書く仕事ならば、文案は歩きながら考え、それを机で書いて、印刷して読み、脳にしまって歩きながら考え直しと、繰り返せば、日数はかかってもトータルの時間は大幅に節約できました。だらだらとしている人に比べれば2～3倍くらいのスピードを出せました。一日かける仕事を半日で片づけるのです。そうすると業務の対応速度はトータルで1.4倍くらいの速さを確保できていました。そうすると余裕がでて、色々別の仕事も舞い込んでしまいますが、1割くらい業務に関する将来にかける時間を用意できるのです。

私はほぼ二六年間、キヤノンでは技術者、自宅で素人科学者（当初は理論物理学者、後半は数学者）として二足の草鞋を履いていました。二足の草鞋を履くことに関して、色々な事を言われるのが面倒で、会社の業務がおろそかになることはないように気を付けておりました。退職前の一〇年間は、会社では管理職でしたが、会社でも人並み以上の貢献を心がけました。また自宅の研究でも、年に2～4本程度の論文を執筆、投稿、出版していました。通常の大学教員並みのペースと自負しております。

その際、並列処理や分散処理は常に意識をしていました。幾つかの単純作業や論文の執筆時の研究内容をTeX化する工程は、作業としてクロック数を倍に上げて只管行いました。自宅に会社の仕事の一部を持ち込むことはありましたが、会社に自宅の研究を持ち込むことは一切しませんでした。昼飯の時間も、毎日仕事を詰め込み、クロック・アップしました。すると空き時間ができますので、それは部下や同僚との業務に関する議論をする時間などに充てました。部下のレベルアップを目指した部下との勉強会などができたのもこうして仕事を詰め込んだからです。同様に、自宅でも、家族とゆっくりと過ごす時間もそれなりに確保できていました。

できると思うと意外と何でもできるものです。

集中して作業をするという事でトータルで業務を7割に収めることは可能です。そのためにも、やった作業が無駄にならないよう、作業に後戻りがないようには細心の注意を払いました。同時に、もしも後戻りがあった場合は、苛立たないことを信条に鼻歌を歌う気分で作業に打ち込みました。苛立ったり、愚痴を言ったりする時間が一番の無駄です。

とは言え、サラリーマンでしたので、くだをまきたいときもありますので、愚痴を互いに言い合う飲み会というを月に一度ほど開いていましたが、それ以外では愚痴は言わないと決めていました。繰り返しますが、できると思うと、意外に楽しくできるものです。

コラム４　…　眠りながら研究する術

二〇〇〇頃のことですが、私は慢性前立腺炎という病気に罹ってしまいました。寒い気候が関係する病気です。私は一月末から暖かくなるまでの数ヶ月間、会社から帰宅すると本を開く気力も体力も残っておらず、後は寝るだけという空しい日々を過ごしました。

それでも研究をしたかった私は、何とか方法はないか考えました。有名なホーキングを始め、身体的ハンディキャップを抱えながらも素晴らしい研究をしている人は世界中にいます。ならば、眠りながらでも計算することは可能かもしれない、そう考えてトライしてみたわけです。

もちろん始めは上手く行きませんでしたが、試行錯誤の末、冬が終わる頃には、横になってまどろみながら、紙も鉛筆も使うことなく、頭の中で簡単な微分方程式が解ける状態になりました。災い転じて横になりながら研究をする術を編み出したのです。

この技はその後とても便利なスキルとなりました。疲れたら横になって計算できるようになりましたし、眠れない夜や早く目覚めた朝などに、うつらうつらしながら研究ができるようになりました。

実際、二〇〇〇年を過ぎてから論文や会社での特許ノルマは極めてスムーズに出るようになりました。幾つかの解析の基本アイデアやソフトウエアの基本設計やバグ取りなども寝ながらやっていました。論文の基本的なアイデアや計算は布団の中でなされたものです。もちろん、計算などは、起きているときに紙や計算機で行い間違いがないことを再度、チェックしますが、試行錯誤的な計算や思索を行うとき、消しゴムを使わなくても瞬時に消して、計算や思索を再開できるのは実に便利です。

眠りながら研究する術。冗談のような技ですが、ものは試しと思って皆さんもトライしてみてはいかがでしょう。

コラム5 … 孤独を恐れず、学問的なコウモリとなる

第五条で「流行より基礎的・本質的なことを固めよ」と述べました。私はあなたがアカデミックに居るか、またはその研究分野が技術的な進歩に直結していないのなら、流行を追わないことも選択肢の一つであるということをここで述べたいと思っています。

アカデミックは注目される論文を書くことが使命です。従って、遠からず、広い意味の流行を意識しておかなければなりません。自分の研究が同時代の研究の中でどの位置にいるかを把握せねばならないのです。更に、現在進行形で多くの研究者が注目する研究分野であれば、その動向を意識することも重要となります。国際会議にも出席し、常に新しい論文やプレプリントをチェックし、インパクトのあるものはいち早く理解し、消化しなければなりません。よい論文を早く出したものが勝者の世界です。競争の中にいるのが「研究である」ということは間違いありません。

しかし、多くのそのような研究分野は、三年経てばより判りやすい証明がついたり、判りやすい解説論文が出版されます。十年経てば、国際的に百

名ほどが関わる研究分野であっても、一冊の教科書となります。「研究が競争である」という意味では「研究が終わった」という状態です。

競争の中で名を成すことが目的であれば、競争の中に居ることが必須ですが、研究を経た結果に興味があるのであれば、十年経ってから、こなれた解説や豊富な例をも含むコンパクトな教科書によって、時間を節約してその内容を理解することもできます。もちろん、熱気というものはそこでは損なわれていますが。

研究競争は、高校時代の「体育祭」「文化祭」前夜の熱気にも似た濃厚な楽しみがあります。村上春樹がウッドストックの時代を一九八四年に振り返って

「一九六〇年代後半から七〇年代前半にかけてのいわゆる「革命の時代」に輩出した無数のロック・バンドのうちのいったいどれだけを、我々は鮮かに思い起すことができるだろう？　映画『ウッドストック』が今再映されるとき、我々はそのうちのいったいとれだけのシーンに興奮することができるだろう？

結局のところ、おおかたのものは過ぎ去ってしまったのだ。その時代に我々の心を揺さぶり、体を突き抜けていくように感じられたものの多くは、十年を経て振り返って眺めてみれば、上

手に粉飾された約束ごとでしかなかったことが分かる。（中略）「革命」は終わるべくして終わった。」[62]

と述べましたが、これによく似たものが研究活動にはあると思います。バッタの大群が野原の葉っぱを食べつくしながら移動するように、研究分野の流行は足早に過ぎ去ったりするのも確かですし、同時に、その後に残る硬い茎や根っこなどに何かしら面白いものが潜んでいるのも確かです。

非アカデミックであるということは「競争の外にいる」ということのようにも感じます。競争の外には、その渦中では味わえない楽しみ方があります。研究動向は遠目に見ながらもそれに一喜一憂するのではなく、十分時間が経ってからその内容を理解することで、時間を節約し、多くの分野を俯瞰し、利用できるものは利用するというような楽しみ方です。そうすると広い分野に跨る科学や技術を知ることができます。それは村上春樹のいう「革命」とは程遠いものですが、悪くないと私は思っています。

多くの分野を俯瞰し、広い分野に跨る科学や技術を知ろうとする試みは、同時に、どのパラダイムにも属さないことを意味します。イソップ寓話で言えば、獣でも、鳥でもない、コウモリになることです。企業の研究者は、アカデミックでの評価もあまり気にする必要もないのですから、学術的な意味での孤独を恐れず、学術的な意味でのコウモリを目指すのもよいのではと思っています。お勧めします。とてもエキサイティングです。

第7章　異分野の研究を理解するための七ヶ条

私がこれまでに執筆した論文、特許が関わる分野を列挙してみますと、素粒子論、固体の量子場の理論、量子力学の基礎、超電導、ソリトン、微分幾何と量子力学の関係、代数曲線論、整数論と物理の関係、電子放出素子、画像処理、形状の数値化、波動光学、多相流体のモデル化、パーコレーションでの電気伝導、破壊現象・・・などなどです。

このように異分野の研究をある期間内で理解するには、ある種のコツのようなものがあるように感じています。

それは一言でいうならば「心のバリヤーの除去」です。まずは興味を持つこと、好きになるということから始めることが最も近道です。それは偏見の除去に通じます。

具体的な7つの方法を示しましょう。

第一条 … 初心者本を利用せよ

書店にはいろいろなジャンルで初心者向けのハウツーものが溢れています。数学のそういう書籍はたくさんはありませんが、それでも丹念に探せば幾つかの分野では見つかるものです。数学以外の科学分野ではそれなりにあります。

初心者本のよいところは、厳密性などは後回しにして、まず読者がイメージを抱けるように書かれていることです。歴史的な事が書かれていたり、例も豊富だったりします。厳密な話を理解するのは、「それが自分にとって理解するに値するものである」という事が判明してからでも遅くありません。

限られた時間内で異分野の研究をほどほどに身に着けたい時、重要なことは俯瞰することです。「その分野を習得することで何ができるのか」これが判ればよいのです。その学問の歴史やエピソードを読むことは、一見遠回りのようで実は近道だったりします。

目的に辿り着きさえすればよいのであって、道順、ルートはどうであってもよいのです。しかし、目的地や周辺の地図を手に入れないことには「どこで立ち止まるべきか」「どこは足早に通り過ぎるべきものか」の判断ができません。そのための初心者本です。

みなさんが学生時代にされていた、出題範囲が限られたテストの勉強方法とは発想が異なるのです。

第二条　…　本は後ろから読め

本は1ページ目から順に読み進めるもの、という固定観念にとらわれてはいませんか？　本を後ろから読んだり途中から読むというやり方は、一見奇妙なように映るかもしれませんが、時としてとてもよい方法なのです。

もちろん全ての本を後ろから読むべきというわけではありません、数学書の基礎的なものの多くは始めから読んでコツコツ理解すべきものですし、後ろから読んではいけない本はたくさんあります。定義を蔑ろにしてはいけませんし、幾つかは根気よく取り組まなければ乗り越えられません。少なくとも、位相幾何や代数などの基礎に関わるものは、前からきっちり読み進むことが大事です。判るまで何度も何度も読み、前へ進めるべきです。

しかし、それ以外の本は、まずは後ろから読んでみるのが得策なのです。これは社会人向けの勉強法です。学校での勉強とは異なり、本を読んで結果さえ出せればよいのです。そのための方法はどうであってもよいのです。

その結果を出すのに役に立つのかどうか、これにより何が得られるのか、といったことは、本の後ろの方に書かれていることが多いのです。内容が判らなくてもまずは後ろから読んでみましょう。時間がなく、情報がまわりに溢れた現代人にとってとてもメリットのある方法と言えます。

●第三条：言葉のシャワーを浴びよ

研究会にはなるべく参加しましょう。そこでは言葉のシャワーを浴びることができます。数学は言葉です。言葉である以上方言がつきものです。数学は階層化されていますので、分野によって重要視する視点も変わってきます。例えば「存在定理」が重要な分野では、具体的な関数形などは議論の対象になりませんから、そこで使われる数学用語は等式だけを使う数学分野とは大きく異なります。

そのような言葉の違いを理解することは、自分の知識や能力に何処が足りないかを教えてくれます。数学が言葉だということは、ソシュール流に言えば、言葉によって記述されるべき内容や概念が、言葉の違いと同様に違ってくるということです。

言葉の違いから概念の違いを学ぶためにも、どういう言葉が使われているのかをまず知る必要があります。言葉のシャワーを浴びると、教科書や論文を読む際に、どこに力点を置くべきかも見えてきます。

見知らぬ言葉ばかりの教科書に向かいあうと「心のバリアー」が概念の沁みこみを阻害します。聞いたことのない言葉ばかりだからどうせ判らないだろうというのが「心のバリアー」です。あなたの心の中にあるこの「心のバリアー」を低くすることがとても大切です。

言葉のシャワーを浴びると「心のバリアー」を低くすることができます。何度も繰り返される用語は、重要なのです。それを理解することから始めなければなりませんし、何度も聞くとそれに興味を持つことができます。その用語を理解したくなります。

もちろん、この言葉のシャワーばかりを浴び続けていると「ターミノロジー」（科学技術用語）はそれらしく操れるけれど中身のない話をする「ターミノロジー卿」と化してしまう危険もあります。組織などでもある程度大きくなるとターミノロジー卿が幾人か居たりします。技術者とターミノロジー卿は遠くから見るとよく似ていますが、実体は全く異なるものです。どうせ、勉強をするならば、中身のある技術者になって頂きたいと願っています。

●第四条：まずは慣習に従え

科学論研究者クーンは各学問分野には慣習やタブーがあることを示しました。クーンは各分野にはクイズがあって、それらを解くことが科学の目的であると述べています。科学が迷信に近いというつもりはありませんが、クーンの同世代の科学論研究者ファイアーアーベントは、科学と神話や魔術とはとても近いと述べています。

科学に慣習やタブーが存在するため、異分野を学ぶととても胡散臭く感じるときがあります。その専門家集団の中で定まっている理想化した状況のみに関心を向けているように見え、そのためその分野の研究者が自然に対して真摯に立ち向かっていないように感じたりするのです。素人科学者が学会批判をしたりするのはこの状況によるものです。

それに対して、クーンやファイアーアーベントは「科学とはそもそもそういうものだ」と述べています。「分野を超えて自然の理解に真摯に立ち向かう」などというフレーズは「科学」の本質を理解していない者の幻想だというのです。私自身はそこまで科学に疑いを持っているわけではありませんが、各分野には各分野の慣習が存在することは事実だと思います。

それらを早く飲み込むことが、分野内に暗黙の内に存在する幾つか弱点などを知る手立てとなります。つまり真似ること、慣習に従うことが大事なのです。「習うより慣れろ」です。しかし、心の底から慣習に従う必要はありません。従える程度に慣習を理解しておけばよいのです。慣習の向う側にある考え方などを理解することが異分野の学問の理解に繋がります。

「分野の慣習に従って考える」ことができれば、その分野のほとんどを理解できたようなものです。慣習を相対化し、利用できるところを利用する状態に移行できるのです。さらには慣習を理解できればその異分野の弱点を見抜くことも可能となるのです。

ここでひとつ注意しておきたいのは、他分野の慣習を飲み込むのは想像以上に苦みを伴うということです。小学校～大学で受ける教育では、白紙状態から学習をスタートするための標準系があります。各分野の教科書もその前提で用意されています。

しかし、一度何かの分野を勉強した後に他分野を勉強しようとすると、すでに会得している知識や方法論が邪魔をします。大学入学直後の無垢な状態であれば素直に理解できたであろうことが、容易にはできなかったりします。

物理学を修めた者が化学を学ぼうとすると、その教科書の最初のページで、到底受け入れがたい仮定に出会います。例えば、有機化学における「パウリの排他原理」と「フントの法則」が同列に書かれていたりすることです。前者は原理であり絶対的なこと、後者は原子番号の小さい原子にのみ適用できる経験則です。物理では同列に扱ってはいけないと教わるものです。イオン結晶におけるイオン半径という概念の存在も、量子力学的な視点では考えてはいけないと学んだはずです。これらの仮定の背景は、「化学は何を目指す学問か」を理解し高見に立った者ならば理解が可能です。しかし、異分野に入りたての者は、「なんだか、自分が馬鹿になったのではないか」と感じてしまうくらい違和感を覚えるものです。

哲学者フッサールが構築した現象学という哲学があり、その中に「エポケー」という考え方があります。「判断中止」と訳されます。思索を行う際には、まずその存在や仮定の是非の判断をせずに思索を行うというものです。付録の「クーンのパラダイム論」で書きましたが、学問の習得は「訓練」によってなされるものです。新たな学問を学ぶ際の違和感は、哲学的な視点からみても排除不可能なのです。ですので、幾つかの判断中止をうまく利用する必要があります。

パラダイムの障壁はとても高いのです。異分野からその分野に足を踏み入れようとする者は教科書が想定している標準系の学習者ではありません。その違和感の苦みは誰かと共有したり共感することもできません。

しかし、「理解の仕方は人それぞれ」と思うと気が楽になります。これが苦みを克服する心構えです。理解した内容が間違っていてはいけませんが、その道筋はどうであっても、ゴールの「正しい理解」に到達できさえすればそれで良いのです。あなた独自の「理解の仕方」をしてみて下さい。

第五条：フォークロアを克服せよ

例えばあなたが自宅で数学に取り組んでいる技術者で「複素解析関数とは何か」という疑問を抱いていたとしましょう。大学院生や学部生ならば教授に、個人的に質問し容易く答えを得られることでしょうが、あなたは独学中であり、気軽に質問できる先生はいません。大勢の研究者が同席する研究会では質問する機会はあっても、「複素解析関数とは何か」というような質問は愚問のように思われてしまわないかと二の足を踏んでしまうでしょう。しかし、例えば数学者に囲まれて昼飯を食べる機会がある立場ならば、それを利用して獲得することができるかもしれません。

数学という学問の中には、ガウス流のエレガントさを競う美的感覚のようなものがあります。結果の内、本質的でないもの、無駄なものの全てをそぎ落として、そぎ落としたものだけを定義として、それを経典のように利用し解明するという姿勢です。トリビアルだけど重要な例とか、近いけど定義の条件を満たさないものなどは、教科書にも、講演会や、授業でも表にでません。公の場ではそれらは「考えれば判るだろう」と蔑ろにされ勝ちです。表に出ないとはいえ、それらの多くは重要です。

そういったものをフォークロア（民間伝承）と私は呼んでいます。フォークロアとは第四条で述べたパラダイムの一部です。

フォークロアは教科書には載っていません。研究者のコミュニティを通して、非公式な場で伝承されるものです。インフォーマルな小数のセミナーや、ランチの際などでは、口から口に伝承されますが、それを独学で理解するには工夫と努力が必要です。

固い教科書には載っていない内容でも、肩肘の張らない著作物や、数学雑誌などの連載などでの解説、練習問題の隅の方などには書いてあったりします。自分でこれだと思うものを探すセンスが必要となります。

インターネットなどには、全くトンチンカンな事が平然と書かれている場合もあるので、十分なチェックが必要ですが、そういうインフォーマルな場では少し見ることができるかもしれません。

また、研究会の講演のオープニングなどでもフォークロア的なものに触れられたりします。その意味でも研究会に通うことは独学者にとって有益です。第二条の「本を後ろから読む」という事も一つの方法であります。

第六条 ： big problem には近づくな

世の中には「アインシュタインは間違っている」とか「量子力学は間違っている」とか「フェルマー大定理を簡単に解けた」などと主張する人があります。

big problem を避ける

独学の研究者の幾分かの割合がこういった big problem に魅了されてしまい、道を失っているように感じるときがあります。big problem を避けることは実はとても重要な事です。big problem を避けることで、自分の能力に合った問題を解くことができ自分の脳を鍛えることができるのです。地道な鍛錬の後には、場合によっては、big problem に立ち向かうことも可能になることもあるかもしれません。しかし、独学者、初心者は big problem は避けることを強く勧めます。

仮に、素人ながら自分がその big problem を解けたと思ったならば、長い歴史の中でたくさんの人間が同じアイデアを持ったに違いないと考えるべきです。素人の自分が思い浮かべられることは、他の人でもできることである可能性がとても高いのです。少なくとも、まずは自分が big problem を解いた事実を疑わしいと感じましょう。

それでも「新しい問題が解けた」という事を主張したいならばその分野の慣習や考え方に従った通常の論文を書くレベルになることがまず先です。それが科学者を自称する前提条件ですし、「解けた」と主張する前提条件です。簡単な問題が解けない研究者は big problem は解けません。まず、論文になるような問題を解くことができ、論文にできる能力があることを提示するという条件をクリアすることから始めましょう。

自分のレベルを見定める

自分の能力をきっちりと自分で計量できなければ、科学者とは言えません。自分の研究している内容や位置づけを自分で評価できる眼を持っているかということです。「難しいことは判らないけれど、問題が解けた」というような事をとんでも素人科学者は言ったりします。自分がそのような気持ちに近づいたら気を付けてください。

それは芸術に似ています。「自分はクリエーターであり評論家ではない」という話を耳にします。なんだかとても恰好よい響きがあります。しかし「自分のどこが感動され評価されているか」を理解していない人は、結局、自己表現ができているとは言えません。流暢な言葉にできるかどうかは別にして「何をすればどういうことが起きるか」をきっちりと見定める目や耳を持っている必要があります。一流のアーティストと呼ばれる人々は皆それが出来ています。ですので、一発屋で終わらないのです。

科学者についても同様です。「自分は難しいことは判らないけれど、新しいものを見つけた」という主張は科学にすらなっていません。それが数学であればなおさらです。そもそも数学は言葉を扱う学問です。言葉に表現できない時点で、それは数学になっていないのです。

第七条 … easy-going を忘れるな

数学者ではないのですが、明治の素人科学者のひとりに二宮忠八という人物がいます [75]、[39]。私の遠縁です。彼のことを語りたいと思います。

二宮忠八は軍隊の医療班に属しながら、飛行原理の研究を行った素人科学者でした。一八八九年カラスの滑空の観察により飛行原理を見抜き、その二年後には50㎝弱の模型動力飛行機を開発しました。それはゴム動力によるプロペラの推進力を利用するもので、3mの滑走と10mの飛行を成功させました。それは飛行原理の実証であり、有人飛行への扉が開いた瞬間でもありました。一九〇三年のライト兄弟の人類初飛行の一四年前の一八九一年、忠八が二四歳のときです。忠八はそれを飛行器と命名し、更にその二年後には有人飛行を目指し「玉虫型飛行器」の設計図を完成させました。その設計図はライト兄弟のフライヤー1より遥かに現代的な飛行機を想起させるものでした。もちろん、動力の位置など課題もありますが、時代を先取りしたものであったのも確かだと思えます。

二宮忠八（1866 - 1936）

忠八は軍部の力を借りてこの飛行器を製造することを夢見て二度陳情しましたが、「人が飛ぶなどというのは西洋でも聞いたことがない、陳情は飛んでからにしろ」とすげなく却下されてしまいました。

忠八の強さは、ここで軍部を当てにすることをあっさり諦め、「それならば自力でやればよい」と素人科学者として進む事を決断したところです。もちろん、苦悩がなかったわけではないでしょう。しかし研究資金を貯めるために大日本製薬株式会社に就職し、市井の民として資金作りからスタートしたのです。「世間が認めないならば自力でやればよいのだ」という easy-going な姿勢には今も見習うべきものがあると思います。

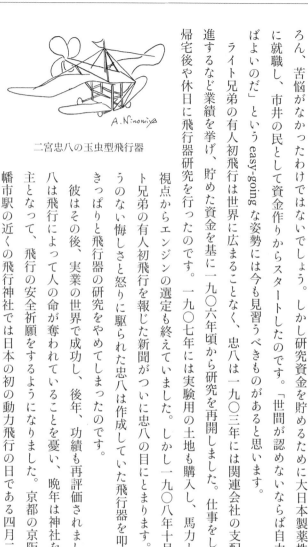

ライト兄弟の有人初飛行は世界に広まることなく、忠八は一九〇三年には関連会社の支配人に昇進するなど業績を挙げ、貯めた資金を基に一九〇六年頃から研究を再開しました。仕事をしながら、帰宅後や休日に飛行器研究を行ったのです。一九〇七年には実験用の土地も購入し、馬力と重量の視点からエンジンの選定も終えていました。しかし一九〇八年十月、ライト兄弟の有人初飛行を報じた新聞がついに忠八の目にとまります。やりようのない悔しさと怒りに駆られた忠八は作成していた飛行器を叩き壊し、きっぱりと飛行器の研究をやめてしまったのです。

二宮忠八の玉虫型飛行器

彼はその後、実業の世界で成功し、後年、功績も再評価されました。忠八は飛行によって人の命が奪われていることを憂い、晩年は神社を立て神主となって、飛行の安全祈願をするようになりました。京都の京阪電鉄八幡市駅の近くの飛行神社では日本の初の動力飛行の日である四月二十九日に、全世界の飛行の安全を社から祈願する例祭が厳粛に毎年行われています。

「世の中から認められない」ことで苦悩し、立ち止まっている研究者は現代でも数多くいると思いますが、忠八の「認められなくとも前進する」「認めらなければ自分でやる」という生き方は、一つのヒントとなると思います。６条の内容と若干矛盾しますが、どうしてもその問題に取り組みたければ取り組めばよいのです。easy-going こそがアカデミックから離れた環境の醍醐味です。こういう単純な考え方もある程度は許されると思います。ある程度というのは、他人に迷惑をかけず、次世代に悪影響を与えない程度のことです。easy-going な研究テーマも一〇万～二〇万と集まれば、その中の一つくらいは画期的な研究があるかもしれません。

やはり素人数学者だったワイエルシュトラウスが Crelle's J などに論文を出版したのは十九世紀でした。現代はインターネットや交通事情などが発達し、素人科学者にとって状況ははるかに向上しています。もしもあなたが、数学が好きでどうしても研究を進めたいのであれば、他の職業に就きながらでも数学研究は行い続けることは可能なのです。

第8章　現代数学を独学するための六ヶ条

ここでは理学部数学科の教育を受けていない人が現代数学を独習しようとする際に心得ておいて欲しいことを6つ取り上げます。

現代数学の独学は、あなたが漠然と考えているよりとても難しいものです。特に、自分が専攻した学問の中で、ある程度の数学を使い、数学に対するイメージを持っている場合、それが理解を邪魔します。高校数学や、工学や物理などで利用されている数学と、現代数学とではアプローチや考え方が全く違います。非数学科卒の人が使っている数学の延長線上に、現代数学があると思ってはいけません。全く新しい分野、新しい文化を理解するのだと心得てあたって下さい。

それは、母国語を完全に操れるようになった後に、全く触れたことのない外国語のａｂｃを学び、その文化に馴染むようなものです。

例えば、位相幾何、代数の基礎、測度論は現代数学の「いろは」に相当するものです。所謂ミニマムです。幾何と解析については、扱うレベルによりますが、扱う対象が工学的なものだったり、物理的なものであれば、工学的直感、物理的直感が働いたりしますので、ここには含めずに考えています。それは幾何や解析を蔑ろにしているわけではありません。

位相幾何、代数の基礎、測度論については、私の先の拙著「線型代数学周遊」[54]の付録で、最低限必要となる概念を書きました。それらを理解することはとても難しいはずです。アプローチの仕方などが、非数学科卒での数学と全く異なります。

具体的な取り組みについて挙げておきましょう。

ミニマムのひとつの位相幾何の理解はとても難解ですが、これを何時、学ぶかはそれ程重要ではないかもしれません。大体雰囲気を理解しておいて、他の様々な事を勉強した後に、学びなおすということでもよいかもしれません。多くの工学的、あるいは物理的対象では、微妙な位相の問題が顕著に表れることはありません。実践から入って行けば「危なっかしいにしても」なんとかなるものです。しかし、一〇年くらいのスパンで考えれば、どこかで、基礎からきっちり学ぶことは必須です。

位相幾何というものがどういうものなのか、位相幾何において部分集合を取り扱うということはどういうものなのかを理解せずに、現代数学を正確に理解することはできません。位相幾何を理解することができた後では、世界の見方が大きく変わります。吉川の設計論などは、位相幾何が判れば、何が鍵となるかがある程度は自明にわかります。ですので位相は必ず理解してほしいものです［76］、［35］。

測度論は、位相が理解できればその延長線上で比較的簡単に理解できるかもしれません。代数は、位相と並行して勉強することが可能です。代数の基礎を理解するための適切な例として、整数論の基礎を同時に学ぶことは推奨されます。

整数論の幾つかのことは、企業の解析などにおいてもとてもよい示唆を与えてくれます。整数論の初歩的な見方が現代数学を利用する際の考え方に幅を与えてくれます。その意味でも、代数とそれに伴う整数論の基礎は学んでほしいものです。

現代数学は難解ですが、かと言って「数学が、物理や電気や情報や材料などより価値がある」というつもりはありません。価値は同等なのです。母国語と外国語の、どちらが重要かという問いと似ています。相対化して眺めれば、どれも重要で、価値は同じなのです。そして、両者を学び、理解することで世界観が大きく広がるのです。

現代数学を学ぶ際には、クーンが述べたように、現代数学という枠の中にも細分化したパラダイムが存在する事を認識しておく必要があります。

私は数学者の前で何かの話をした際に、「数学ではそうはしない」という反応を受けた経験が何度かあります。一般的に、大学の研究者は早い時期からひとつの研究分野に属しますから、多様な他の分野を学ぶ機会はあまりありません。数学も同じです。数学には多様な分野がありますが、大学、大学院での授業や同期の学生との自主的なセミナー以外で他の分野の勉強をすることはとても稀です。プロの研究者となった後では、自分の専門以外の研究会に一人で出席するということもまずはありません。微分幾何の研究会で活動している研究者が、代数幾何や整数論の研究会に出るなどということはとても稀だと言ってよいものです。そのため、例えば、微分幾何の研究会での書き方を真似て、代数幾何の研究会で話をしたりすると「そういう記法は数学ではやらない」と言われたりします。非数学科卒である私に対する親切な助言です。もちろん、その多くは私の実力不足によるところですが、大学に属した微分幾何研究者が同じことをしても、きっと言われない助言です。ちょうど、東北で日本語を勉強した外国人に対して、関西人が「そんな言い方は日本ではしない」と注意しているような状況です。東北出身の日本人に対してなら言わない注意です。外国人であれば親切です。

例えば、位相幾何の研究者の記法や慣習と解析学の研究者のそれは、同じ数学対象に対しても大きく異なります。クーンが述べたように、数学も一体ではなく、個々の分野に分離、分岐してしまっています。

「数学」で語られる実体は統一したものではなく、詳細に見るとバラバラです。同時に、個々の分野には慣習があり、その背景には歴史や目標の違いなどがあります。

ものづくりの数学を実践する際に、一つの数学分野に留まることは殆ど不可能です。ある意味、数学もコウモリ状態です。その数学分野がケモノか、鳥かなどに拘っていては「ものづくりの数学」はできません。数学の新しい分野を学びたい者にとっては「数学ではそうはしない」という言葉をかけられるのはラッキーな事なのです。それは異分野の慣習を知るチャンスです。慣習の陰には深い真実や歴史が隠れていることが多いものです。非数学者だから教えてもらえることかもしれません。ですので、コウモリ状態は実はとても楽しい世界なのです。

とはいえ、ひとまずある分野を選んで、その分野の慣習を学ぶこともとても大事です。高い山に登ると、別の山に登りなおすことはそれ程困難ではなくなります。まずは、自分の肌にあったひとつの山を攻略してから、他の専門分野の山を登ってみてはどうでしょうか？

第一条：受け入れることから始めよ

サッカーはなぜ手を使わないのかは愚問

非数学科卒の技術者が現代数学を学ぶ際に最も手こずるのは「定義→定理」という考え方です。「なぜ、そんなものを考えるのか」という疑問を抱いてはならないというのが数学の流儀です。

一〇代の柔らかい頭であれば、「数学とはこういうもので、とりあえずこれを学ばないと受験をクリアできないよ」という理由で無理やり学べる場合もあるでしょう。しかし、二〇代中盤以降から現代数学を学ぼうとすると、心のバリアが障害になってしまうことが多々あります。

これは「サッカーはなぜ手を使わないのか」という疑問と同じです。「サッカーは手を使わないことで面白いゲームができます。「なぜ手を使わないのか」という疑問には何の価値もありません。つまり、「なぜこの定義から始めるのか」とか、そもそも「なぜ「定義→定理」というアプローチをするのか」とかは愚問なのです。それを受け入れてゆく必要があります。

実際に役立っている姿を知る

そのためにも、現代数学が実際に役に立っている姿を知るということは大事です。それはいわゆる動機付けです。

例えば、「第7章の第二条」で述べたように　本を後ろから読むというのもひとつの方法です。また、事例をネットで検索してもよいかもしれません。現代数学のアプローチや考え方を会得しなければ、大きな山は乗り越えられないという事実をまず認識するのです。投資対効果の効果の部分を先に知るのです。高い視点から眺めると、アッと驚くような理解ができたりします。そういう状態にならなければならないと腹をくくるのです。

そして「定義から定理」という厳密なアプローチの仕方を獲得できるように自分の考え方を慣らしてゆくのです。そういうアプローチができて、初めて現代数学の扉が開くのです。

現代数学は原理主義・教典主義

数学でない学問を学んだ人は「現代数学は原理主義」という見方を持つことが必須です。別の言い方をすると「現代数学は教典主義と思え」ということです。「定義」を信じて、その下で「定理」を考察するのです。「教典主義」というのは、教典に書いている「定義」を信じて、それ以外の事実は使ってはいけないということです。数学以外の学問はどうしてもイメージを膨らましたり、図で補ったりします。言葉が足りないためにものごとを厳密に定義して、その後の論理を進めるということができないのです。それは数学以外の学問は怪しいというわけではありません。その学問自体も厳密ではあるのです。しかし、それとは全く異なる厳密さで、数学は論理を進めます。数学は言葉です。数学は厳密な言葉を用意して、この言葉によって「言葉で創られた世界」を厳密に記述しようとする学問です。それは「教典主義」「原理主義」という言葉に象徴される厳密さであると思えば、心地よくなります。

この「教典主義」「原理主義」は自由度がないというわけではありません。与えられた定義を忠実になぞることで得られるものはとても有用です。現代数学の定義は、百年以上に亘ってその時代時代の有能な数学者が考え抜いた末に得られたものですので、「よくできている」のです。上澄みの上澄みというような清らかさです。それを利用して得られる結果は自由度の高いものです。少し学べば「教典主義」「原理主義」から感じる狭窄した印象とは全く異なる広がりを感じることになります。表現範囲の広さと、洗練された定義の秀逸さ、そして、数学の自由さです。空を飛ぶ鳶や鷲などのように高見から見下ろす楽しさです。ですので、そこに至るまでの我慢です。

しかし、そこに至るまではとても苦しい作業です。現代数学の扉は重いのです。「こうきたら、こうかわす」のような素人向けの数学書の中身が「判りやすい」からと言って、間違っても、それが数学の本質だと考えたり、かわし方の手法をたくさん勉強するのが数学などと誤解してはいけません。我慢のトンネルを抜ければ、「かわし方」などというものは自然に定まることが判りますし、そこに数学の本質がないことも判ります。トンネルを抜けるまでの間しばらくは我慢をしましょう。勉強の始まりにおいて、特に非数学科卒の方は、「現代数学は原理主義・教典主義」と常に意識するように心がけて下さい。

第二条：基礎の勉強は2冊の本で行え

どういうものが基礎か

なんどか述べましたが、新しい分野の内容を理解するためには、「その学問は何を目指すものか、どういう思想の上に成り立っているか、どのような事を研究するものなのか」の俯瞰を心がけましょう。幾つかは数学史などにその背景が書かれています。なぜそのような考えをしなければならなくなったかなどは数学史に関わる本、例えばデュドンネの「数学史Ⅰ、Ⅱ、Ⅲ」[34]や「ブルバキ数学史」[47]などで詳しく述べられています。

学問には基礎、ミニマムというものがあります。数学では「集合論」「位相幾何」「代数」（群、環、体論、加群)、「測度論」「関数論」「幾何」「確率論」などが基礎です。これらに関しては最低限知っておかなければなりません。その「幾何」は「微分幾何」か「代数幾何」かどうかはそれほど重要ではありませんが、局所に分けて考えた後に、それらを繋げてゆくという多様体の概念は必須です。

これらの基礎をどのくらいのレベルで知っておかなければならないかはケース・バイ・ケースです。一度に全てを知ることはできませんので、ある程度は妥協をしながらですが、大体何が書かれているかを早い時期に知っておけば、必要に応じて精緻化できます。

具体的な書籍に関しては、前著「線型代数学周遊」[54]により具体的なアドバイスを書きましたので参考にしてほしいと思います。

薄い本と厚い本の2冊用意しよう

基礎に関わる本は、まずは全体を俯瞰できるような、なるべく薄い本を選んでみましょう。最後まで読破する必要はないにしても、ある程度は読み進めることが必要です。ある程度というのは、必ずしも本の最後ではありません。教科書の多くは半分までを読めれば十分なのです。

読むにあたってはきっちりと読むこと、紙と鉛筆を利用して、ノートに内容をまとめて行くという丹念さも同時に大切です。

薄い本の多くは、授業で使ったりゼミで使ったりということを想定して書かれています。あなたの身近に専門家がいていつでも質問ができる状況であればよいのですが、通常はそのような環境は望めません。

ですので、少し詳しく書かれている厚めの本も同時に用意するべきでしょう。

薄い本も厚い本もその分野の標準的な教科書がよいと思います。ネットには標準的教科書の推薦書を提示しているサイトもあります。薄い本で疑問があったときには厚い本を眺めればよいので、その為には厚い本はなるべく誤植がない、少し版を重ねたものが望ましいと思います。

第三条 … よい例を探せ

数学のフォークロアの克服

フォークロアとは第7章でもかいたように、民間伝承のことです。所謂　師から弟子に口伝えに教わるもの、こぼれ話のことです。

このフォークロアは数学の世界にもあります。大学の数学も、師から弟子に口伝えで伝えられている部分が少なからずあります。簡単な絵だったり、典型的な例だったりするものです。その命題が「とても難しいのか、易しいのか」とか、「重要なのか、重要でないのか」なども教科書には書かれておらず、フォークロアとして伝わることが多いと思います。

大学の講義を受けずしてこのフォークロアの困難を克服するのは、実はなかなか難しいものです。手段のひとつとして、数学雑誌は利用できます。こぼれ話は、著者が緊張していないときにこぼれるものです。教科書に書くほどでもないけれど重要な話が、数学雑誌には書かれていることがよくあります。

インターネットなどにもあります。インターネットでは全くトンチンカンな事が平然と書かれている場合もあるので、十分なチェックが必要です。信頼性の高いウェブサイトを探しましょう。数学者はタイプミス以外では、間違うことはありませんが、ある分野の権威者だからと言って間違わないとは限りません。感覚的に数学を操っている方は時として、大きな間違いをしている場合もあります。「判り易いから、正しい」とは限らないということを胆に銘じましょう。自分に実力がついてくれば、間違いに気づくようになるでしょう。最初からあまり気にしすぎても仕方ありません。

更には講演会や研究会を利用するという手もあります。一般者向けの講演会に限らず、少し難しいレベルの研究会に潜り込んでもよいわけです。研究会の講演のオープニングなどでは、若い人向けに雰囲気を伝える際に、フォークロアが出てきたりします。

よい例を学ぶことで本質を見極める

例えば、複素関数論で最も重要な事は $z = x + \sqrt{-1}\,y$ という複素座標を用意した際に複素共役 $\bar{z}$ は z の複素解析関数ではないということです。この事実は知られているようで知られていないことです。難しい計算に目が行きがちですが、こういう単純な事を知らないと複素関数論を完全に理解することは難しいのではないかと思います。

複素関数論についてついでに書くと複素解析関数とは z だけでテーラー展開できる関数のことです。この事は大体は微分 $\frac{\partial}{\partial \bar{z}} f = 0$ という事で理解できます。しかし、代数ではなく解析らしいのは $\frac{\partial}{\partial \bar{z}} \frac{1}{z}$ は零にならないことです。これが留数の定理とかグリーン関数の宝庫になります。因みに $\frac{\partial}{\partial \bar{z}} \frac{1}{z}$ はディラック δ 関数に一致します。このように複素関数論を使いこなす際の本質は、それぞれの用途によって異なるのですが、「おもちゃ」のような例が、思いもかけず全てを語りつくすというようなことがあります。

この例のように身近に指導者がいれば難なく教えてもらえることも、なかなか教科書には書かれていないものです。それらを会得できる機会というものを常に意識しておくべきです。

研究会などに行くと、そのような例は、その分野の常識となっていたりします。若手への説明や、質問に対する答えなどにおいて、それらの例は現れることがありますので、それを聞き逃さないようにしましょう。研究会はフォークロアやよい例を学べる、非常に有益な機会なのです。

部分集合を理解する

現代数学の特徴に「部分集合を上手く取り扱う」というものがあります。部分集合とは、集合の部分です。これに関係を付けて、構造を持たせるのが現代数学です。

これがなかなか、非数学科卒研究者には難しいのです。

例えば、イデアル、商空間、剰余類、位相、ボレル集合なども全て「部分集合を如何に理解するか」を述べているものです。どれも現代数学の基礎となるツールです。なかなか直観が働かないのでここで躓いたりしますが、なんとか乗り越えてゆかなければ先に進めない概念です。

集合とは何でしょうか？集合とは「点」の集まりです。実数全体や、有理数全体や、整数全体が集合の例です。それらの部分を考えることが部分集合を考えることです。それも様々な部分集合の集合を考えるのです。

先の部分集合の理解をする際に、有限の例はとても重要です。実数全体や、複素数などを対象にすると有限のものとはなりませんが、自分で有限の例を考え、それに合わせて定義や定理をきっちりと理解するのです。先に述べましたが「おもちゃ」の理解は実はとても大切なのです。

実際の現場の解析に利用する場合においても、対象とする系が様々な意味での有限や、有限の延長で理解できるものも多くあります。有限の例は有用でもあるのです。

無限を理解する

無限は現代数学にとって、最も重要な概念のひとつです。十九世紀、無限をどのように捉えるかについての長い格闘の時代がありました。無限に対するイメージを持つことは数学観を持つことに繋がります。しばらくの間は無限の定義は$\infty=\infty+1$として現実な問題においては$10^3\sim10^3+1$という類似性で凌ぐことも可能かもしれません。少なくとも、数学の無限という概念を現実の世界での対応物に当てはめて、現実の世界を数学で記述する際には、無限とは$10^3\sim10^3+1$という関係を理想化したものという解釈はとても大切です。

無限にも種類がありますし、無限の攻略法というものが現代数学には幾つかあります。それらを一通り把握することが一〇年くらいの時間間隔では必須です。が、そのためには時間がかかります。しばらく、先ほどの理解で凌いでおいて、可算無限大、非可算無限大、幾何学的な無限大等々をステップ・バイ・ステップで学んで行くのがよいかもしれません。

部分と全体を眺める

数学者ヘルマン・ワイルから始まる現代的な幾何学においては「部分と全体」という考え方があります。ユークリッドの平行線の公理に対して、それを乗り越えて曲がった空間を如何に理解するのかは、十九世紀の大きな問題でした。

射影空間とか、リーマン面とか、多様体と言ったそういう考え方が十九世紀後半から特に注目を浴びました。それらの歴史的なことはさておき、曲がった空間や複雑な幾何学的状況を人間は如何に理解するのかということをワイルは考えました。

ワイルは「時間・空間・物質」[81]の中でアファイン多様体の解説の後の306ページに「第Ⅱにおいて試みられた空間についての研究は、私にとっては現象学的哲学者フッサールの目ざした存在形式の分析に対するひとつのよい例であるように思われる。すなわち、それは非宿命的な存在の形式の現実を扱った典型的な例である。そこでは、空間の問題についての歴史的発展が示すように、この現実の中にまきこまれたわれわれ人間にとって最終的な結論に到達することがいかにむずかしいかがわかる」と述べています。

現代数学的な空間の理解は「世界を部分に分けてその繫がりを眺める」というものです。繫がりとは関係のことですから、代数的なことです。群とか環とか、写像とかがその繫がりを提示します。そして、各部分は単純な構造を持っているように分割するのです。

我々は地球が丸いことを知っていますが、同時に我々が住んでいる市や県レベルでは凸凹はしていても、十分平らな上に山があり、川がありと思えばよいことも知っています。地球の表面を$10^3 \times 10^3$くらいの数に小さく切り刻めば、地球の一周は4万㎞くらいですので、一辺が40［㎞］くらいの正方形に近い地図に置き換わります。そうするとそれぞれの地図は、平らです。でも隣がどうなっているかをちゃんと記憶していると、右隣の右隣の右隣と、お隣を訪ねて歩いて元々居た場所に逆方向から戻ってこれたりします。地球が丸いという事実と、局所的には平らであるという事実を矛盾なく理解するためには、「世界を部分に分けてその繫がりを眺める」ということが最も合理的です。更には局所的な構造は複雑であるという事実も地図を書くことで理解できるのです。

地図同士をつなぎ合わせる考え方を「貼り合わせ」といいます。薄い多様体の本を一冊購入し、現代幾何学のこの「貼り合わせ」の考え方の例を知ってほしいと思います。

第四条 … 代数的に物事を理解せよ

ルネ・デカルト（1596 - 1650）

代数的に、というのは、現代数学の中の解析学が不必要と言っているのではありません。恐らく、理学部数学科の教育を受けていない人が現代的な解析学を学ぶときも、それはかなり代数的だと感じるのではないかと思います。例えば、対象に名前を付け、定義をして、それらをコツコツと道具に仕上げて、その道具を使って目的とするものを考察するとか、それから導かれるものを積み重ねることで論理を進めるというやり方は、非数学科卒の研究者にはかなり代数的に感じられるはずです。

鶴亀算を x、y というもので、状況を厳密に定義をしながら論理を推し進め、特に関係性に気を付けるというやり方が代数的な操作です。

数学以外の学問は、定義を曖昧にして、議論を進めながら対象を定めてゆくというアプローチを取ります。例え、同じ微分記号、積分記号を使っていても、現代数学と数学科以外の学問で使われる数学とでは、アプローチが全く異なるのです。先に書いた経典主義のように、登場人物を明確に定義し、名前を付けて、論理を進めるやり方とは大きく異なるのです。小学生A君が徒歩で、その兄は自転車で駅まで向かう際に、一〇分先に出たA君が兄にどこで追い抜かれるかという問題があったとしましょう。その際、A君の身長、自転車の大きさ、道の状況などを具体的に考えるのが数学以外の学問です。他方、それを無機質だが、正体が実数と定まっているxやyで書くのが数学です。xやyで書いた瞬間に、答えは目の前にあるのです。後者においては先の自転車を思い描いたりしなくてよいのですが、xとyが整数だったりすると答えがない場合もありますので、その正体は初めに定めておくことが必須です。

数学以外の学問においては、計算結果と実験データとの誤差が生じることを想定して、厳密な定義よりも詳細を議論することに注目したりします。しかし、一旦xやyに置くと、徒歩であるか、自転車であるかは問わないのです。それより、先に述べたように、整数か、実数かのほうが重要です。例えば、もう少し複雑な問題では2次式以上の方程式となることがありますが、その際は、虚数を許すのか許さないのかが大切です。数学の言葉になった際に、数学の枠組みでそれが論理的に成立するのかということが重要なのです。(因みに、実験データと計算結果が合わない場合は、数学に原因があるのではないのです。「数学的（理論的）には○○だけれど、現実は△△だ」と訳知り顔に述べる人がいますが、それは数学モデル、問題設定が間違っているのです。現代数学を利用すればば数学モデル化できないものは、まずないと思います。第4章第四条の「problem builder を目指せ」で述べたように、問題設定はとても難しいものなのです。）

現代数学でのアプローチでは、対象に名前を付けて、その役割、そして操作方法を明確にして、論理を進めます。微分や積分などを利用した解析でも ε-δ などの道具や適切な関数空間を用意して、関数空間の特徴を利用して、その操作方法を明確にして論理を進めてゆきます。更には、操作される対象の位相幾何的性質により、対象を分類してゆきます。が、どれも「対象に名前を付けて、その役割、そして操作方法を明確にして、論理を進めること」が基本となります。それらは、広い意味の代数的なやり方です。

従って、代数的に理解しようと胆に銘じると、数学がかなり身近に感じられるのではないかと思います。

定義を厳密に行って、そしてその関係を考察するということです。

現代数学を学ぶ際の禁止事項のひとつは「安易な直観を持つこと」です。「難しい問題は難しいものだ」と受け止められるならば明快に進められるのですが、「難しい問題も直観的に理解できるはず」と期待すると話がややこしくなってしまいます。それが難しい問題ならば、地道に少しづつ理解して行けばよいのです。

間違った直観的な理解や、陳腐な例や、こじつけた例はかえって理解の妨げとなります。定義に沿った由緒正しい例や定義を地道に理解することがとても大切なのです。

現代数学は線型代数化しています。それは関数のことであり、加群であり、コホモロジーです。広い意味の関数を利用した諸々の数学現象の表現が主流だということです。線型代数をきっちり理解しておくだけで、応用の問題は大体、理解できるようになります。

この事を世に知らしめたいという思いで私は拙書、「線型代数学周遊」[54]を執筆しました。（宣伝になってしまいますが）是非、一度目を通してほしいと思います。自分でいうのもなんですが、応用される状況を意識した線型代数全般についての本としてはよく書けている方だと思います。

第五条 ‥ 論文は数式から眺めよ

あなたが論文を読んでみようと考えたときは、まず数式や主定理を眺めることから始めましょう。できるだけ本質的なところを掴んで、それから周辺を理解してゆけば時間の節約になります。執筆者が言っていることが全く判らないとすれば、あなたはその分野の慣習に慣れておらず、能力としてもその論文を読むレベルに達していないという事です。

1. その主定理や、主結果に出てくる用語を理解できるレベルか
2. その主結果の主張の意味することを理解できるレベルか
3. その主結果の主張によってどのような事が結論づけられるかが判るレベルか
4. その主結果の主張の真偽を判定できるレベルか

それぞれのレベルで、内容を理解し、「やはりこれは理解して置かなければならない」と判断し、自分のレベルが必要なレベルに達していないならば、再度、一から理解しようと試みる必要があります。

勉強はらせん階段を登るようなものです。一度でレベルに達しなければ、何度でも回ればよいのです。少しずつ自分のレベルが高くなってゆくことが大切なのです。

第六条 ： 数学を習慣化せよ

時間ができたら、では始まらない

数学をするという行動パターンを習慣化しましょう。社会人には学生時代のように厖大な自由時間がありませんから、日常の行動の狭間に数学の時間を埋め込むのです。バックの中に荷を詰め込むように、です。場合によってはバラバラにして隅に詰め込むということも必要になります。間違っても「時間ができたら勉強しよう」と考えてはいけません。それはすなわち、一生勉強しない事を意味します。

だいたいの会社員は、勤続年数が増えるほど自由にできる時間がなくなってゆきます。私の場合は、三五歳くらいから自由にできる時間はほぼ皆無でした。その状況下で勉強時間を確保するには、狭間の時間をかき集めて一日十五分、それを週五日寄せ集めて一時間、そういった計算が必要なのです。逆にこうして数学を習慣化すれば、大学院に進学せずともそのレベルの数学を勉強することも可能です。

数学をする習慣化のヒント

私は会社人時代、通勤電車は必ず数学の勉強をしていました。都会であれば、通勤に往復二時間程度の時間が費やされていることが多いでしょう。その時間を有効に使うようにしていました。また、昼食は弁当にして食べながら勉強しました。室長だったときには毎週室員と勉強会を行っていました。部下を教えるものでしたが、お陰でずいぶん自分も成長しました。

帰宅後も、夜8時以降は家族団らんをしながら、ある時はテレビ番組を片目で観ながら、数学をやる時間としました。休日の家族が起きてこない朝の時間も狙い目でした。

とにかくこの時間は必ず数学の勉強に使う！と一度決めて習慣化さえできれば、それなりに時間は確保できるものなのです。狭間な時間を上手く利用すれば、十五分を五日かけて七十五分にするというようなことが可能となるのです。

日常の中で数学を行うという習慣

自宅で数学などを勉強しようという意思を固めたら、できるだけ「数学は生活より崇高なもの」という認識は改めましょう。

日常の些事より数学が重要だと位置づけてしまうと、日常が成り立ちません。「テレビがついている所では数学ができない」とか「集中できる研究室でなければ研究ができない」と考えた瞬間に、余程恵まれた環境にある人間以外は勉強できないということになります。

逆に理想的ではない環境でも「研究を行いたい」と思えば少々の問題は解決されるでしょう。習慣化も難しい作業にならなくなります。例えば、数学の勉強をしていて、奥さんから「洗濯物干して」と頼まれれば、それを優先するくらいでなければならないと思っています。「思索や計算は何時でも途中で中断できる」という境地に達すれば、いつでも研究は始められるのです。

「切りの良いところまで」と思っていたらいつまでたっても終われません。「いつでも切りは悪いので、今止めてもよい」と考えれば、いつでも中断できます。切りの悪いところで終わった作業を再開するときには、悩まずに、ただ途中で終わった続きをすればよいのです。十五分かき集めて六十分にするということはそういうことができるようにするということです。理想的な環境でなければ研究できないというのであれば仕方ありませんが、環境がどうであれ研究をしたいと思えば、そういうことに慣れてゆくことです。

意外とできるものです。

口笛を吹くように

口笛を吹くように、と書きましたが、これは「数学を軽んじても良い」という意味ではありません。こんな逸話があります。

一九世紀後半の数学者であるワィエルシュトラスは四〇歳近くまで、地方のギムナジウムで教師をしていました。ギムナジウムで体育をも教えながら素人数学として、アーベル、ヤコビの後を追ってアーベル関数の研究を行っていました。

ベルによると、この時代の研究において印象深いエピソードが残っています[48]。ワィエルシュトラスが朝の講義に来ていないことに気づいた校長が、宿舎に彼を訪ねたところ、カーテンを閉め切った部屋の中で、ランプの傍で物思いに耽っている彼がいたそうです。校長が朝になった事を知らせたところ、ワィエルシュトラスは「今とても大事なことをやっているのでこの仕事を止めることは今はできない」と答えたといいます。

先の話と完全に矛盾しますが、このような「数学はとても崇高なものだ」という思いはとても大切だと思います。そうでなければ、苦しい時、「なぜ自分は数学なんかをやっているのだろう」と思い悩む時に、それを乗り切る力が出ません。

但し、崇高＝深刻なものと考え過ぎるあまり、「数学はしかめっ面をしてやるもの」と考えると、ありません。社会人の勉強は入試が目標では些細な忙しさや雑事を理由に勉強から遠ざかってしまいがちです。社会人の勉強は入試が目標ではありませんから、長い時間かけて解いてもよいわけです。

また、多くの問題は間違っていれば矛盾が出てくるものです。

集合論の幾つかや、抽象代数幾何などはなかなか眼が肥えないと矛盾に気づきません。そのような微妙な問題は注意が必要です。じっくり、注意深くアプローチしなければなりません。が、その他の多くの問題は間違っていればたやすく矛盾が見えてきます。どうもおかしいということになるのです。

矛盾に敏感でありさえすれば、また検証可能な問題を解いているのならば、注意深さについて、あまり深刻になり過ぎるのもよくありません。時間は有限です。私はあまりに深刻に「注意深さ」を突き詰めるのはよくないと思っています。たやすく間違いに気づける部分はどんどん前に進めばよいのです。そして、もしも、間違いに気づいたら謙虚に後戻りすればよいのです。

数学は深刻にやるべきものとだから、あなたがしかめっ面して怒りっぽくなっていようものならば、周りが迷惑です。周りがうるさいから崇高な数学ができないとなどと思うのではなく、電車の中で「数独」や「ゲーム」をやっているサラリーマンのような気分で数学をやればよいのです。私は年に2〜3本、数学の論文を書いてきましたがその多くは電車の中で計算を行ったものです。ざわざわとした雑踏の中や駅のホームで思索に耽ることもよくありました。

少し肩の力を抜いた勉強のほうが長続きできるものです。それは「数学を軽んじる」ものではありません。「口笛を吹くように、わくわくしながらするのが数学」と思えば肩の力が抜けます。そして日常の中に数学を置く事も可能になります。数学は日常の中で楽しめる学問なのです。

コラム6：素人科学者のすすめ

私は大学時代静岡に6年おり、卒業と共に上京しキヤノンに入社しました。入社の際には、素粒子論のような役に立たない学問には見切りをつけ、企業人として生きようと思っていました。物理と数学の本、全てを実家に送り、研修のときは、小説などの縦書きの本ばかりを読み、配属後は画像処理などに関わる本を読みました。しかしながら、配属後三ヶ月もたたない内に書店を回り、数学の本を購入し、会社の寮に帰っては数ページを読む生活を始めてしまいました。つまり、数学が止められなかったのです。横書きの数学の知的興奮が忘れられなかったという事でしょうか。

静岡大学時代にセミナーでお世話になった玉野研一先生が当時横浜国立大学に移られていたので

休日を利用し月一回のセミナーをお願いしました。了解を得て、私が佐世保に来るまでの二六年間、ほぼ毎月セミナーをして頂きました。独学で学んだ部分は多いのですが、玉野先生のこの二六年のセミナーのお陰で私は物理学者から純粋数学者へ移行できました。

キヤノンの本社部門の研究所に移った際に和達三樹研究室出身の鶴秀生さんとお会いし、それがきっかけで現在の研究題目である弾性曲線、楕円関数、部分多様体の量子力学というものに出会いました。

丁度、基礎研究ブームが終わり、企業では、より現実的なテーマへの選択と集中がはかられていました。

会社ではすべての業務は機密でした。そのために、外部の研究者と自由に業務の内容を議論する武者修行のようなことは望めませんでした。しかも当時の私自身の科学者、数学者としてのレベルは、とても低いものでした。学ぶべきことがたくさんあるという状態です。そこで、キヤノンでは技術者として、自宅では素人科学者として、「二足の草鞋」を履いて自分の能力を高めたいと思うに至りました。自宅でのテーマは機密に関係しない、できるだけ実学から遠い分野を選び研究をスタートしたわけです。

自宅での研究テーマは「オイラーのような広範囲な数学的観点から曲線の形状を定式化し、その量子化方法を提示する」というものにしました。すでにキャノンという職場で、充実した産業数理の研究ができていたので、数学界で有名になりたいという意気込みもありませんでした。そもそも誰かと競争して新しいものをいち早く理解し、それを咀嚼して結果を出すということに長けてはいませんので、学生時代から研究の流行からは距離を置かざるえませんでしたし、同時に論文引用者は自分一人という事もそれほど苦ではありませんでした。

唯、数学が面白かったのです。

論文は年に2～4程度の頻度で、自分を鍛えるために書いていました。完全に個人としての活動でしたので、通常、○○大学とか、○○研究所となるべき論文の所属は自宅の住所を使いました。「組織も人も外圧によってしか変わらない」と思っていましたので、自分自身を変えるためには、外からの圧力が加わるところに身を置く必要を感じていましたが、論文はとてもよい指標となりました。論文の評価においてはとても辛辣なレフリーコメントに出くわすこともありました。きついコメントを受け、数ヶ月落ち込むようなこともありました。しかし、自分のやり方や、考えの足りないところ、勉強すべき方向性をレフリーの厳しいコメントが示唆してくれました。同時にとても真摯なレフリーに出会い励まされたことも何度もあります。今思えばそれらが自分を鍛えてくれたのです。

不思議な事に私には、師というものが居るようで居ないし、居ないようで居るという状況です。

月一回のセミナーでお会いする玉野先生からは学ぶ事ばかりでしたが、学んでいる数学は玉野先生のご専門のジェネラル・トポロジーではありませんでしたし、自分が論文にするものとも少し外れたものでした。お陰で、ありがちな「師の顔に泥を塗る心配」をする必要もなく、あらゆる失敗を恐れずに自由に数学をやってきました。そして、自分の研究対象は機密からどんどん遠ざかるように物理数学から数学へシフトしていきました。

現在名城大学にいらっしゃる大西良博さんとは一九九〇年前後に静岡大学の先輩ということで知り合い、その後、ずっと進むべき方向や読むべき数学書や論文、一般的な数学の考え方についての助言、アーベル関数論をはじめとする数学の議論など、様々な援助を得ました。また、博士号の指導をして頂いた斎藤暁先生、月一回の戸田セミナーへの参加を容認してくださった東大の薩摩順吉先生、時弘哲治先生などなど名前を挙げると長々となるので割愛しますが、不思議な事に、私は素晴らしい先生方々から直接、あるいは少し離れたところから長年に渡ってサポートしていただきました。

やがて一九九〇年代の後半から、海外の方から声がかかるようになりました。初めはKonopelchenkoさんというソリトン屋でした。二〇〇〇年に入って、モンスター群のMcKay-Thompson予想、McKay対応で有名なJohn McKayさんからメールを頂いたのをきっかけに、多くの方々と知り合うことになりました。Emma Previatoさん、Victor Enolskiiさん、Chris Eilbeckさん、児玉祐治先生、米田二良先生などです。横国大のセミナーも、三橋秀生さん、今野紀雄先生、井手勇介さんなどが加わり、純粋数学化して行きましたし、自分の論文も、より純粋数学の枠組みに移行することになりました。

その頃、私にあったのは「数論を知っている理論物理屋はきっと面白い自然観が持てる」とか「現場を知っている純粋数学者というのは斬新な発想ができる」とか「純粋数学と数値計算の論文を書く技術者は、世界観が違うだろう」といった漠然として思いでした。更には本文でも書きましたが「オイラーなら、どう見えたのだろう」とか「ガウスなら、どう見えたのだろう」という意識が常にあり、数学を知る事自身が楽しみでした。敢えて、具体的すぎる目標は持ちませんでした。だから、いつもとても楽しく数学が出来ていました。ハッピーな数学です。

この楽しい数学のお陰で、キヤノンでの現場の技術の問題がたくさん解けました。オイラーやガウスのようにとは行きませんが、頭の中に数学者がいる技術者は斬新な、従来とは発想の異なる見方ができます。よい上司、よい同僚や部下にも恵まれ、とても楽しく会社の技術者ライフを送ることができました。

二〇〇〇年頃から「純粋数学と応用」の橋渡しをするようなことができればと思うようになりました。二〇〇八年に山下純一さんに手紙を書いたことから現代数学社にお世話になることとなり、まずは前著「線型代数学周遊」の元となった連載を月刊誌「理系への数学」に執筆し、その途中からは二宮暁のペンネームでエッセイの連載も行ないました。

二〇一一年の震災を機に「数学がもっと機能すれば世界はよくなるのではないか」と考えるようになり、また、技術の面白さやそこでの数学の楽しさ、更にその融合の重要さを世に広めることが、私のような変わった経歴を持つ人間の責務ではないかとも思うようになりました。二〇一四年の夏、ちょっとしたきっかけもあり、その事を実現しようと退社を決断しました。こうしてこの本を出版することは、漠然とした夢が少し叶ったということでもあります。

是非、みなさんにも楽しい数学を体験して頂き、素晴らしい技術者を目指してほしいと願っています。

第IV部

付録

第9章　付録

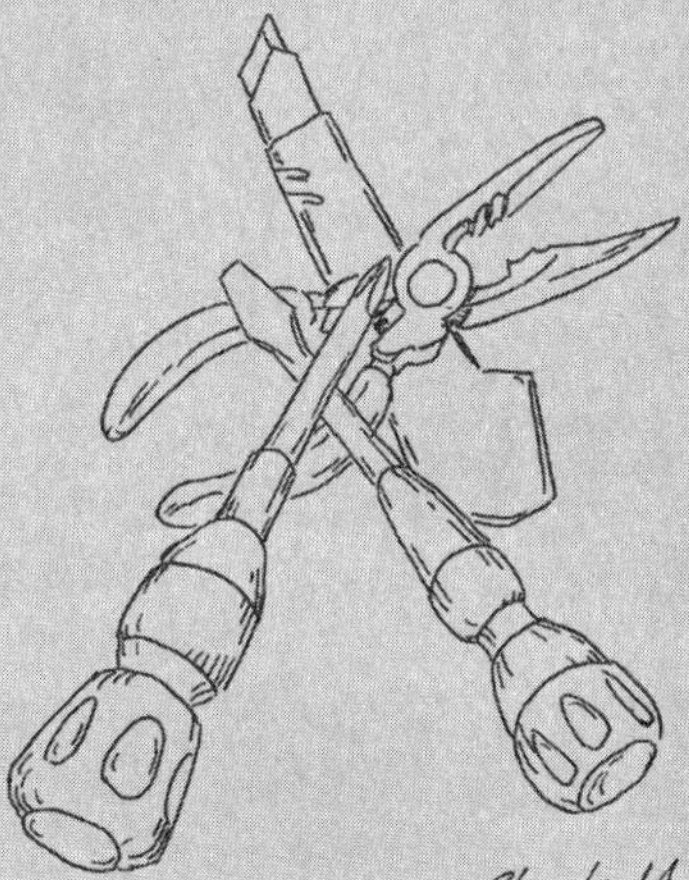

第９章　付　録

言葉としての現代数学　…　フッサールから

ものづくりの数学において現代数学を利用して何を目指すかというと、技術の記述を目指すのだと私は考えます。

「工学は数学的科学の楽園である。何となればここでは数学の果実が実るから。」と述べたのはダ・ヴィンチでした。

技術と数学は深く関係していると、現象学を打ち立てた哲学者フッサールは述べています。数学が技術の集大成として現れるのは極めて自然なことであり、そして、その延長線上に、精神の自由とか、崇高な思考が存在しているとフッサールは示唆しています。

フッサールの科学者としての経歴はライプツィヒ大学で天文を学んだことから始まりました。その際に、手に入れた光学メーカーのツァイス社の望遠鏡を丹念に分析し、望遠鏡の欠陥を発見し、ツァイス社にその欠陥について手紙により指摘しました。アッベ収差で知られる光学研究者アッベがその手紙を見てフッサールにツァイス社への就職を勧める程、その分析は秀逸なものでありました。それがフッサールの技術と数学の原体験であったと考えられます。「技術の背景に数学がある」という事実を、彼はその時肌に刻んだのです。

一八七八年ベルリン大学に移り、数学の厳密化に貢献した数学者ワイエルシュトラスの指導の下、アーベル関数論や変分原理を研究しました。光学における最小原理の根源的理解もその目的の一つと推察されます。ベルリン大学で整数論研究者クロネッカーから素朴な数の理解と、ワイエルシュトラスの厳密性への指向とを学ぶことで、後に数学から哲学へ研究題材を移しました。

エトムント・フッサール

(1859 - 1938)

鈴木俊洋が最近、フッサールの数学の全貌を哲学的な視点から緻密に検討し、[28]に著しています。

そこでフッサールの提示したものの一つに「数学はそもそも技術を記述するための言葉である」という主張があります。幾何学の発生の起源を考察し、幾何学が測量技術を表現するための言葉の極限操作として成立したと指摘しました。

フッサールは、もともと何かを制御したいという技術的な動機付けから、極限操作により生まれた言葉が数学であると認識したわけです。同時に安易な極限操作が生活世界を破壊するとして、ガリレイの数学的取り扱いを厳しく非難もしています。

フッサールの考察の中には技術と数学との関係の本質のすべてが収斂していると感じます[44]。数学と技術の距離を再度縮めるべき二一世紀、フッサールの考えは再評価され、活用されるべきと考えます。

異なる技術分野を橋渡しする言葉としての数学

二一世紀に入って、数学が言葉として機能し、新たな技術を産む時代になっています。その大きな役割のひとつは、異なる技術分野を結びつける言葉としての役割です。

そして数学が技術を牽引することが世の中から求められていると感じます。そのためには数学と技術のあり方やその基となる科学とのあり方をより深く考えておくべき時期にきていると思います。技術は科学を基に築かれるものなのです。

そもそも技術の礎となる「科学」とはどういうものであるのでしょうか？　現代科学論について復習をしておきます。

現代科学論　――ポパー、クーン、ファイアーアーベント

現代科学論にはポパーの反証主義とクーンのパラダイム論があります。科学経験主義とも言われる論理実証主義的な考え方があり、その反動としてポパーの反証主義[9]が二〇世紀中盤に現れ、それをクーンのパラダイム論[16]が根底から突き崩しました。この流れを詳しく見てみましょう。

■ポパー

カール・ポパー（1902 - 1994）

科学研究者ポパーは「科学的発見の論理」を一九三四年に著し、その中で、科学において「反証」という操作が本質的であると提示しました。

例えばニュートンの万有引力は長く正しいと信じられ、小惑星ケレスの発見など多くの予言と真実を提供してきましたが、特殊相対性理論の出現によりその遠隔相互作用を前提とする考え方が否定され、一般相対

性理論に取って代わられました。つまり、科学的真実は常に反証の対象とされ、反証されない間は正しいと考えられるのです。

科学的要請、あるいは科学コミュニティの社会的要請から定まるある精度で眺めた際に、その科学的原理が「連続的に」現象を表現できるのか断絶があるのかということが、各領域（例えば光速に近い領域）で試されているとみればよいのです。もしも断絶が生じたと認識された際には、その科学的真理は新たなものに取って代わられるのです。ポパーは、このような反証という攻撃に耐えることで科学的真理が磨かれると考えました。つまり、これが神話と科学との差異と考えられるものの一つです。

■クーン

クーンはパラダイムという考え方を提唱し、反証主義が主張するような現象は科学の歴史の中で多くは存在しなかったと反論しました[16]、[41]。パラダイムとは科学者（専門家）集団の暗黙の合意事項というべきものです。科学者集団にはある種の約束が必ず存在します。例えば、微分幾何と代数幾何にはそれぞれの研究者コミュニティがあって、それぞれの研究者同士が「多様体」と呼ぶ際、前者では「微分多様体」を、後者は「代数多様体」を意味します。本書で何度か出てきた「位

トーマス・クーン（1922 - 1996）

相」という言葉も物理や電気、機械などでは「phase」を表し、位相幾何（topology）の位相とは無縁のものです。「位相」の示すものはその科学者集団ごとの暗黙の了解で、それは定まるのです。英語の「field」がベクトル場などの場を意味する場合と、群・環・体の体を意味する場合とを科学者集団（微分幾何か、代数か）によって解釈しなければならない事も同様です。つまり、科学者集団には（国籍に関係なく）それぞれ暗黙の合意事項があり、それが狭い意味のパラダイムなのです。時間の意味するものもニュートン力学と特殊相対論では全く異なります。クーンは、ニュートン力学と特殊相対論の合意事項が全く異なることに着目し、そのような合意事項の変質が科学の発展であるとみたのです。

野毛はクーンの考えを概観して「現実の科学者は基本用語の抽象的な定義から出発するのではなく、典型的な問題の解法を学ぶことによって具体的に仕事を進める。「力」や「化合物」といった用語の意味は明示的に定義されるわけではなく、そうした「標準例（standard examples）」を通じて文脈的に理解されるのである。この標準例は「教科書」を通じていわば天下り式に与えられるのであり、科学者たちはそれを手本に具体的問題に取り組む。そこにあるのは「合意」や「一致」ではなく、むしろ「訓練」である」と述べています[41]。一種のタブーやアド・ホックな仮説を、演習という訓練を経て会得することで、コミュニティの一員として認められます。個々の科学コミュニティにはフォークロアが存在し、それを伝承することで阿吽の呼吸を共有することとなります。数学もこれらの対象外ではありません。

■経済学が学問に転換するプロセス

佐和は経済学が科学になってゆく様を[24]においてクーンに従って詳細に述べています。十八世紀のアダム・スミスあたりから始まった経済学の萌芽が二〇世紀に入ってアメリカ合衆国を中心に学問として成立してゆく過程についてです。

十九世紀までの「学問」では、個人が自らの考えを著書として著し学生がその原著を読むという研究スタイルが一般的でした。経済学はそれを捨て、共通した用語と、それにより書かれた標準的な教科書を整備し、これを用いて学生を教育しました。また、同業者により審査される論文誌を立ち上げ、個々が書物を出版することよりも、立ち上げた論文誌に投稿、掲載されることにより科学者内での研究の位置づけを明確化できるようにしました。例えば、ケインズの原著を読むことは重要でなくなり、各時代の標準的な教科書を読み解くことで、標準的な作法や考え方を学ぶことが重要となります。更にはそれを援用して論文を書き、同業者による審査のある論文誌に掲載、引用されることで学者になってゆくというのです。このスタイルは成功し、経済学は他の社会科学に先んじて反証主義に則った科学となったとポパーも評価したと、佐和は述べます。

クーンがパズルと呼んだ解くべき問題が存在し続ける限りにおいて、この仕組みは機能します。この状態をクーンは「正常科学」と呼びました。

解くべき問題（パズル）がなくなったり、社会や自然現象の実験結果などの外部環境の変化により矛盾が生じてきた場合に、この集団と合意した前提条件（タブーやアド・ホックな仮説）が崩れ、新らしい外部環境に対応した合意事項とそれに基づいた科学者集団が新たに生まれるというのがクーンの見方です。

■ファイヤアーベント

科学論におけるアナーキストであるファイヤアーベントは、「方法への挑戦」[52]において「かくして科学は、科学的哲学が認めようとする限度以上にずっと神話に近い」と述べ、科学が現代の神話であると主張しています。神話は多くの未開の世界において生きる上の様々な疑問に答えを与え、それ以上の疑いを封じ込め、生活の行動指針を提示します。

構造主義を打ち立てたレヴィ・ストロースは来日した際の講演[78]で、民話と神話との違いを考察した後に「神話とはまず、（中略）非常に古い時代におこったことの物語です。（中略）この太古の出来事は、いろいろの事物がどのようにしてできたか、現在どのようになっているのか、将来どのような形で残るかということを説明します。」「それは、過去によって現在を説明し、現在によって未来を説明して、ある秩序が現われるとそれが永遠に続くことを確認するのです。」と述べています。

レヴィ・ストロースが提示した構造主義は、未開文化を対象としたフィールドワークをベースとして確立されたものです。様々な民族や社会的集団には普遍的な社会構造があり、それらは位相幾何における同相写像のような変形したものとして、個々の民族や社会集団の特性に合わせて、固有の社会構造として現われます。つまり、レヴィ・ストロースが示しているのは、構造としての神話です。それは民族にも時代にも強く依存せず、人間（の脳）が欲する共通した概念であると認識すべきなのです。

その意味で、古代の神話の役割を、現代社会においては科学が担っているのは確かです。「太古の出来事」を「確立された科学的事実」と読み替えると、新聞紙上での「科学的な」や「科学的に」という修辞の後に語られる事項に対し、科学が神話の役割を果たしていることが見えてきます。

レヴィ・ストロースは神話は「ただ一つの説明によって、宇宙の様々な次元において事物がなぜ現在の姿であるかを述べます。」といい、「同時に、異る種類、異る型の次元の間に奥深いひそかな類似が存在し、ある次元が他の次元と照応するのはなぜかをも説明するのです。」とし、「宇宙論、天文学、気象学、動物学、植物学、社会学と、あらゆる層を通じて、結局は同一の問題が問われ、同一の問題に神話が答えようとしている」と続けています。

ファイヤアーベントは［52］でロビン・ホートンの論文「アフリカの伝統的思考と西洋科学」に沿って、神話と西洋科学の類似性について概観し、「理論の追求は見掛け上の複雑さの下に横たわる統一性の追求なのである。理論は事物を常識が用意する因果的脈絡よりもさらに広い因果的脈絡へと置き入れる。科学も神話も常識に理論的な上部構造をかぶせるのである。抽象度の異なった理論がいくつも存在し、それらは、説明上の異なった要件が現われる際にこれを満たすように用いられる」と述べ、レヴィ・ストロースに沿って概観したこととほぼ同一の事を指摘しました。

さて、ホートンは神話と科学の相違として、「聖なるものとみなされる」「神話の中心観念」としての「アド・ホックな仮説」と、「その観念をおびやかすものに対する危倶」として「タブー」の存在の2つを挙げます。別の言い方をすれば、ホートンは「科学は、「本質的懐疑主義」によって性格づけられ」ると説明しているのです。これはポパーの反証主義に沿った考え方です。

それに対し、ファイヤアーベントは、科学の中にもタブーが存在し、基本概念はアド・ホックに与えられ、反証されることによって崩されるものではないと、クーンのパラダイム論的視点で反論しました。ファイヤアーベントはタブーの例として、量子力学の隠れた変数や超常現象を挙げています。後者はファイヤアーベントの過激な論調の表れです。彼は科学と神話に違いがなければ、進化論を学ばない自由や、医療における呪術的なものの選択自由もあるということさえ主張します。

超常現象を挙げなくとも、量子場の理論における「繰り込み」、「ウィック回転」に対する素朴な疑問、代数分野での「ツォルンの補題」や、背理法を使用した証明方法に関する基礎論の視点からの疑問などは、タブーにもアド・ホックな仮説にも極めて近いものと思われます。

ファイヤアーベントのアナーキーな言及は、それをそのまま受け入れることはできないにしても深い指摘です。

このような科学や数学の脆弱性を認識しながらも、それを使って何かを生み出すということが求められていると考えています。

■ブッシュ

科学が、現代的な意味での政策と結びつくことのきっかけはＭＩＴの初代工学部長でもあったブッシュによるものであると村上陽一郎は指摘します[63]。ブッシュはＭＩＴ工学部で工学の科学化に貢献した後に第二次世界大戦の米国での科学・科学者総動員態勢の総責任者となり、マンハッタン計画を発足させ、戦後、軍民転換も兼ねた科学の国家への寄与を説いた「科学—この終わりなきフロンティア」という報告書を提出します。

科学者集団は閉じた集団であり、集団の評価は同業者で構成されたコミュニティに委任されていて、外部から評価を受けることはありません。しかしブッシュらの流れによって科学が「国家には開かれた」[63]と村上は述べます。特に政策に影響を与える科学者集団に関しては、科学者集団が専門間の争いを恣意的に避け、互いに距離を保ち、科学的真理の探究よりも科学者集団内の内向きのパズル解きに奮闘しているのではと国民に疑問を抱かれないようしなければなりません。疑問が生まれれば、委任された同業者内の評価も砂上の城となりかねません。

アリストテレス
（前 384 - 前 322）

■通約不可能性を克服するための言葉として数学

クーンは各分野間にはそれぞれのパラダイムが存在して異なる分野間の議論は不可能であると述べました。「通約不可能性」というものです。

パラダイム論に立つと、パラダイムの中にはアド・ホックな前提や一種のタブーが存在し、例えば同じ言葉を使っていても意味することが異なったり禁止条項が異なるなど、パラダイム間の意思疎通は原理的に不可能であるという主張が自然に導出されます。他方、ポパーはそういうことがあったとしても、反証ができるのが科学であるので、通約（共約）不可能性と呼ばれるそれらの障害は乗り越えられると主張します。

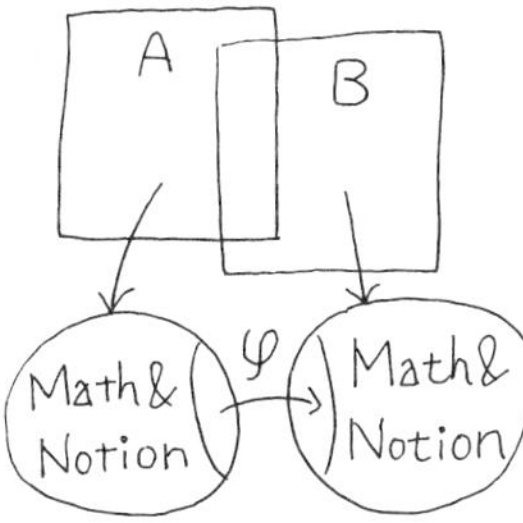

二一世紀、技術が多様化している中で新たな技術を産むためには、この通約不可能性を克服することが求められます。その克服に際して数学が活躍できるのではないかと考えています。

科学の各分野ではパラダイムの規約や規範は概念（Notion）として提示され、それにより現象は数学で記述されます。例えば「電子を関数とする」か、「電子を群が作用する集合の要素とする」かが前提条件です。それにより各法則は数学の言葉によって語られ、記述されます。パラダイムは「数学と概念」によって表現されています。この数学部分に関しては、異なる専門分野間であっても数学の枠内の対応であり、翻訳可能であると思われます。

もちろん、数学自身にもパラダイムがあり、例えば離散幾何と微分幾何とにも通約不可能性の問題があります。それでも制御理論と原子核物理ほど隔たっていませんし、数学の厳密性故にそれらの対応関係は明確にできると思われます。つまり専門分野の糊代として数学は活躍できるのです。

アリストテレスの時代と同じように世界の様々な現象を読み解くためには、本文でも書きましたが、遠回りであれど、数学を糊しろとして通約不可能性を改善してゆくことが、科学の諸分野の融合へ導く王道であると考えています。

吉川の設計論

東大総長であった吉川が提示した設計論[76]、[35]。によれば、設計とは位相幾何学的な操作であるとします。つまり、設計によって目指すべきは究極の点ではなく究極の部分集合であるということです。公差も含め、どの値の幅を持ったものに抑えるかということも設計の範疇です。

吉川の目指したものは「設計してゆくという行為とはなにであるのか」を解明することであり、ここで取り上げる位相空間との関わりに関してはあくまでも補助的なものであったと思われます。

マルクス・ウィトルウィウス・ポッリオ
(紀元前 80 年 /70 年頃 - 紀元前 15 年)

設計行為を位相空間の中の（連続）写像として捉えてゆくというものです。しかし、ここではその補助的な位相空間と設計に焦点を当て、少し詳しく述べてみましょう。

この視点を忘れると必要以上の精度や品質を追求し過ぎてしまいます。

西洋で最も古い設計論を提示したのはマルクス・ウィトルウィウス・ポッリオです。紀元前五十年前後に活躍した建築理論家です。『建築について』という現存する最古の建築理論書を著しました。『建築について』はルネサンス期に大きく影響を与え、ダ・ヴィンチの科学観や技術観にも影響を与えました。

フッサールは「幾何学は測地技術の共通言語として有限の仕様のものの極限を取ることで生じた」と考えました[44]。そもそも、地上に引かれた線は太さを持つものであり、紙に書かれた円も多少の歪みを持つものです。そのようなものの極限が幾何学となっていったとするのです。

これは、代数幾何でフィールズ賞を受賞した小平邦彦が、円や線については厳密な定義よりも「円はコンパスで書いたもの」「線は定木で引いたもの」という視点が教育的には重要であると述べている事[21]と重なります。

幾何学に関わらず、極限を取ることで純化した世界が厳密性も伴って様々な新たな困難を孕む事は数学では周知の事実です。他方、現実の世界では極限を取らないことが有用であったりします。その事を設計という視点で眺めましょう。

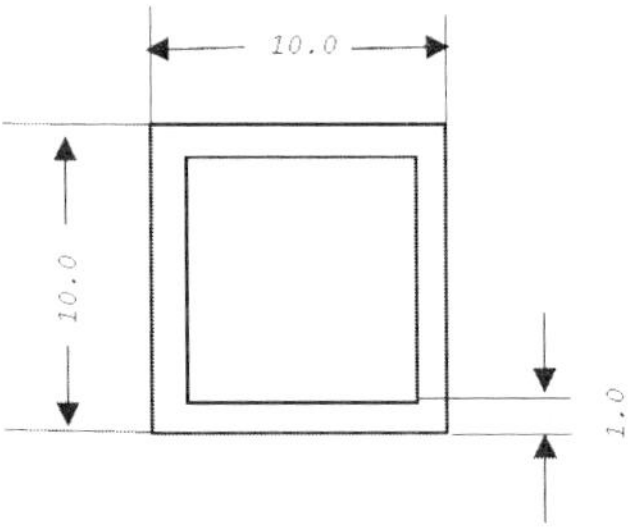

例えば、外枠10cmで、内枠9cmの木製の立方体の箱を作るとしましょう。木製の板は1cmの厚みを持つとします。しかし、「厚み1cm」は、数学的な意味での1.00cmではありません。状況によっては許容範囲[0.98, 1.02]の中に入っていることを意味したりします。この「1cm」は1.00cmという点ではなく、ある集合に対応しています。厚みとは数学的には表と裏の2つの曲面に挟まれた領域の距離と考えるのが自然です。しかし、ここで言う板の厚みというものは、測定する装置の測定方法や誤差も含め規定されるものです。更に先の範囲でも0.9799cmはNGか？というような問題にも結びつき、許容範囲自身の定義もあいまいな事が判ります。

測定される量は1.00cmと1.01cmを区別できない離散化されたものでもあり、同時に厚みの連続的な変化も許容します。つまり、現実の世界は測定誤差や測定解像度等の理由により連続性と離散性が阿吽の呼吸で入り混じったものなのです。

そしてまた許容範囲は、仕上がった箱をどのように使うかにより、仕様として自然に定まるものでもあります。

我々が日常的に触れる商品のほとんど全ては「仕様」という「欲するもの」として許容される何等かの部分集合を構成されています。例えば、「固焼きポテトチップス」は「ポテトチップス」の集合の中で「ある硬さ以上のもの」という部分集合が、その存在意義を持ちます。「固焼きポテトチップス」が柔らかかったら、「思っていたものと違う」という事態になるのです。所謂、商品規格や仕様を持っているのです。

「10cmの立方体の木製箱」というものを作るためには、それを「木製の箱」という集合の中の部分集合として、その測定方法も含めた特徴付けが必要となります。それが「仕様」です。

この仕様は、用途や素材によって微小量 ε が異なりますが、その ε を無視することで、設計される対象を数値として記述します。このような差異をどこまで許容するのかを設計学では「公差」と呼びます。設計において重要な概念です。図面に明示的に書かれることもあります。許容範囲はパ

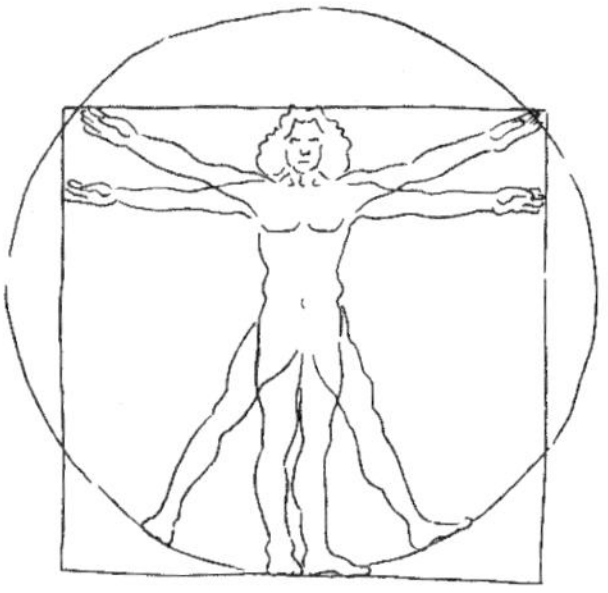

ウィトルウィウス的人体図

ラメーター空間の部分集合として提示され、実現された物である点がその部分集合に入っているか否かが仕様を満たしているか否かに対応します。

このような対象を再度、数学により記述することで科学的に理解しようとしたのが吉川の一般設計論[76]なのです。「設計とは何か」という問いに答えたものです。

一般設計論では「設計という行為は、集合の中の部分集合の特徴付け（つまり分類）を無矛盾に行ってゆく行為である」と考えます。最終的には、仕様を満たす集合の元か否かという事で製品として適切か否かが定まりますし、よい部分集合を同定してゆくことに創意工夫がなされるのです。

一般設計論では、この分類は位相幾何の位相の付与に対応すると述べています[76]。つまり、「設計とは位相幾何における開集合を与えること」なのです。先ほどの10cmの立方体の木製箱の場合も目標とする数値がありますので、「設計とは位相幾何における開近傍を与えることである」とも言い換えることができます。

対象とする集合はパラメーター空間と呼ばれるもので、多数のパラメーターの直積空間によって定義されます。単純な場合は個々の位相の積位相によってその位相は与えられます。

例えば、木製と言っても〔杉、ラワン、ヒノキ〕など離散的なパラメーターもあります。また価格や強度なども別の基準（別の位相の基）を持ちます。それらによって構成される位相の中から、欲する近傍系を見つけるというのが設計なのです。更には、機能に関しても、ある機能を実数として数値化した後、その実数への連続写像が存在するなら、その逆像として所望の機能を仕様として持つ開空間を特定できます。

ここで重要なことですが、それら精度εには下限があり「連続パラメーター」の空間においてもデデキントの意味での実数とはかけ離れたものです。更には無限の量も現実には存在しません。実際、近年、製品設計に利用される計算機による設計支援システム（ＣＡＤ）では、浮動小数点という有限個の表現能力しかない数値で対象を記述しますが、その有限性が問題になることはありません。

フッサールが指摘したように、数学と技術との関係を論じる際には「有限性と極限操作」が鍵となります。技術を表現する言葉が極限操作により数学となったとフッサールは考えます。その数学を言語として利用して、再度、技術を語ろうとする際には、微少量εを巧く操り、現実と数学との折り合いを付ける事が重要となります。それが、ものづくりの数学の深みとなるのです。

吉川の設計論の目的は「設計とはなにか」を問うことでした。先の位相幾何で書かれていることを基礎として、解析「analysis」が「ものごとを分解して理解する」ことに対して、「目的に沿って、個々の部品を寄せ集めてモノを組み立ててゆく」シンセシス（synthesis）という行為は何かということです。

同一の目的を実現するのに様々な方法があるはずです。そもそも同一の目的とは何か、あるいは、パラダイムを超えて如何にそのアイデアに辿り着いてゆくべきか、などの疑問に答えていったのです。目的に沿う仕様とは何か、仕様を満たす設計とは何かということも問題意識の一つでした。それらの設計行為をオートマトンのように時系列的な写像により、科学的に考察したのです。そして吉川は、設計行為の多くが哲学的に、またあるいは数学的に記述できることを示しました。

●高度な数学モデル構築の具体的な例1、2

高度な数学モデル構築の具体的な例1　：　パーコレーションの電気伝導

これは所謂パーコレーションと呼ばれる確率論のモデルが適用できるものです。しかし、ここで対象となる領域は、微粒子が確率的には繋がっておらず、電流が理論的には流れない、パーコレー

ピエール＝シモン・ラプラス
(1749 - 1827)

ション理論で主には取り扱わない領域です。従って、通常のパーコレーション理論はそのままでは利用できません。更には、そこでラプラス方程式をまじめに解くことが必要になります。実際にそのような研究が、抵抗1/εと抵抗1の2つの物質が混在された際の電気伝導の問題として既になされています。擬等角写像により、2次元であれば記述できる事も判っています。

更に均一化法という方法により、解析的にもマクロな量が平均値として定まる事も一九八〇年代に証明されていました。しかし、その解の個々の振舞は判っていませんでしたが、近年、計算機技術の発展により、数値的に解くことでその振舞が判ってきました。

実際に、差分法で解いたのが図1です。3次元でも解け、有益な事実が得られていますが、ここでは2次元の場合に限定します。図1の（a）は微粒子をモンテカルロ法に従って、微粒子を2次元上にばら

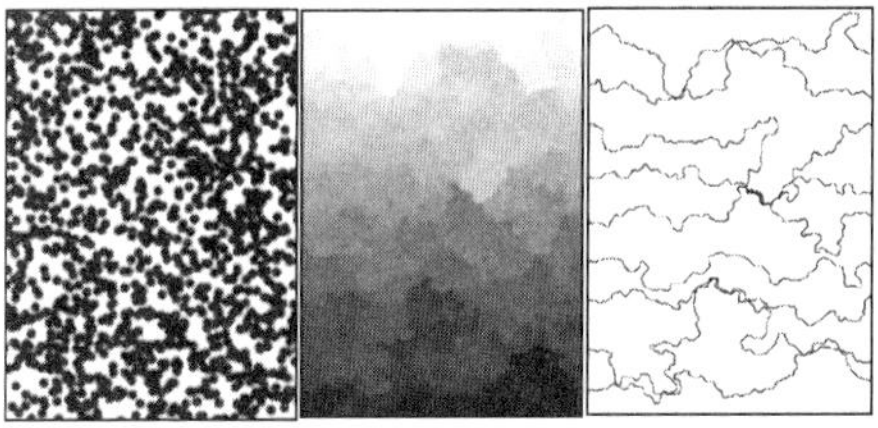

(a)　(b)　(c)

図1

撒いたものです。図1（b）はそれに上下に数値的に電極を付けて、一般化されたラプラス方程式 $\sum_{i=1}^{2}\partial_i\sigma\partial_i\varphi=0$ を解いたものです。σは微粒子の中では抵抗1で外では抵抗 $1/\varepsilon$ としています。これを差分法で解いて、グレースケールで表示したものが図1（b）というわけです。図は水墨画を思わせるものとなります。つまり、背景にフラクタルが隠れているのです。

そこで、図1（c）のように等電位線を計算し、Box-Counting 法によりフラクタル次元を数値的に計算すると非自明なものが得られました。数値計算からは、微粒子の密度に依存して等電位線はフラクタル次元を変え、その次元は丁度転位点においてピークを持つことが示唆され、それが材料の特性に関係することも判明しています。幾つかの数学的事実に関しては擬等角写像により厳密に証明できるように思います。

このように、従来の工業数学だけではもはや先端技術の基本となる現象を記述できないのです。使われている数学は、点過程という確率論のモデルと、擬等角写像、Γ収束などの解析学とが融合するとても深淵なものとなります[57]。それはラプラスが考察した、確率と電位の問題との融合を意味するものでもあります。

高度な数学モデル構築の具体的な例2：流体力学のモデル

流体力学が活躍している好例のひとつが、インクジェットプリンターです。メーカーでは、プリンターのインクを飛ばす微細なヘッド部分を設計する際に、必ず流体の計算機シミュレーションを行うことになっています。その際、数学的なモデルとして固体と気体と流体の三相の動きを表現しなければなりません。

ウラジーミル・アーノルド
(1937 - 2010)

そこで利用したのが、アーノルド、マースデン達が開発した微分同相を利用した流体力学の変分法と、アーノルドが研究していた特異点理論の基礎的な事実でした[58]。

Phase-field 法により二相に対する変分原理を利用した流体モデルは数学的に厳密ではありませんでしたが、計算流体力学の枠組みで既に確立されており、表面張力もモデル化されていました。後は三相に拡張するだけで

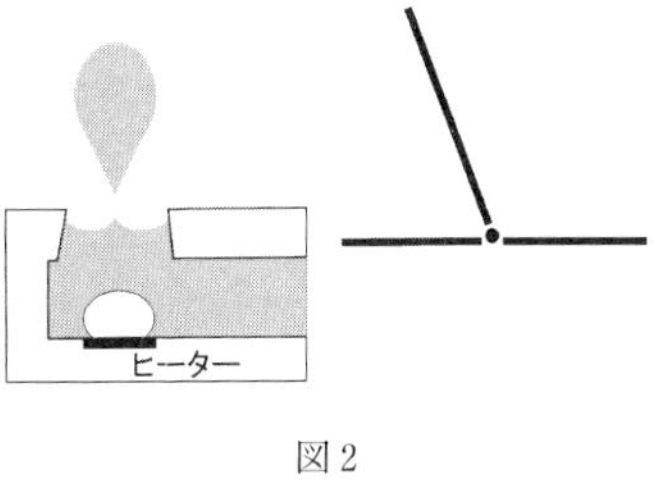

図2

したが、問題となったのは液体と固体、気体の３つが交わる部分である三相界面の取り扱いでした。

これは最も単純なコーン型の特異点です。三相の場合に特異点があってもPhase-field法が問題なく定式化できるかが問題でした。特異点理論は純粋数学の一分野です。特異点の回りでは境界の自然なフィルター構造$V^0 \subset V^1 \subset V^2$が存在し、それを使うことにより定式化は上手く行くことが示せました[58]。

これも従来の狭い意味の工業数学だけでは記述できなかった事例です。

関連図書

[1] I．アシモフ（玉虫文一・竹内敬人訳） 化学の歴史 ちくま学芸文庫 二〇一〇年
[2] 池田信夫 ハイエク 知識社会の自由主義 PHP新書543 二〇〇八年
[3] 岩本晃一 インダストリー4.0 ―ドイツ第4次産業革命が与えるインパクト― B&Tブックス 二〇一五年
[4] J．ウェルチ（宮本喜一訳） わが経営 上・下 日経ビジネス文庫 二〇〇五年
[5] 越中哲夫 長崎のべっ甲 長崎鼈甲商工協同組合 一九八三年
[6] 圓川孝夫 我が国文化と品質 精緻さにこだわる不確実性回避文化の功罪 日本規格協会 二〇〇九年
[7] 円城塔 ポスドクからポストポスドクへ 日本物理学誌
[8] 小笠原泰 なんとなく、日本人―世界に通用する強さの秘密 PHP新書 二〇〇五年
[9] 小河原誠 ポパー ―批判的合理主義（現代思想の冒険者たち） 講談社 一九九七年
[10] 大畠明、古田勝久 モデルベース開発のための複合物理領域モデリング ―なぜ、奇妙なモデルが出来てしまうのか?― (MBD Lab Series) TechShare 二〇一二年
[11] H. Casimir, Haphazard Reality: Half a Century of Science, Harpercollins 1984

[12] D. カーネギー（香山晶訳） 道は開ける 創元社 文庫版 二〇一六年
[13] 金出武雄 「独創はひらめかない―「素人発想、玄人実行」の法則」 日本経済新聞出版社 二〇一二年
[14] M. ギボンズ（小林信一監訳） 現代社会と知の創造 ―モード論とは何か 丸善ライブラリー 一九九七年
[15] 木村英紀 世界を動かす技術思考 要素からシステムへ（ブルーバックス） 講談社 二〇一五年
[16] T. クーン（中山茂訳） 科学革命の構造 みすず書房 一九七一年
[17] R. クリンジリー（夏井幸子訳） 倒れゆく巨象 ―IBMはなぜ凋落したのか 祥伝社 二〇一五年
[18] 経済産業省 「新産業構造ビジョン」〜第4次産業革命をリードする日本の戦略〜 産業構造審議会 中間整理 資料5-1 二〇一六年四月
[19] B. Kelvin, Electrical Units of Measurement, Popular Lectures and Addresses Volume I, London: Macmillan and Co., 1889, 73-74.
[20] 現代思想 総特集 ブルース・リー 現代思想 二〇一三年 十月臨時増刊号
[21] 小平邦彦 幾何への誘い 岩波 二〇〇〇年
[22] A. N. コルモゴロフ（坂本實訳） 確率論の基礎概念 ちくま学芸文庫 二〇一〇年
[23] 佐藤文隆 職業としての科学 岩波新書 二〇一一年
[24] 佐和隆光 経済学とは何だろうか 岩波新書 一九八二年

[25] 志賀浩二　数学が歩いてきた道　PHPサイエンス・ワールド新書　二〇〇九年
[26] R．スレーター（宮本喜一訳）ウェルチの戦略ノート　日経BP社　二〇〇〇年
[27] V. de Silva and R. Ghrist, Homological sensor networks, Notices AMS, 54，(2007)，10-17.
[28] 鈴木俊洋　数学の現象学：数学的直観を扱うために生まれたフッサール現象学　法政大学出版局　二〇一三年
[29] 滝川精一　起業家スピリット—逃げるな、嘘をつくな、数字に強くなれ　日本経営協会総合研究所　一九九二年
[30] たちばな右近　サムスンから学ぶ　勝利の条件　電波新聞社　二〇一二年
[31] ダ・ヴィンチ（杉浦明平訳）レオナルド・ダ・ヴィンチの手記下　岩波文庫　一九五八年
[32] 出川通　技術経営の考え方 MOTと開発ベンチャーの現場から　光文社新書　二〇〇四年
[33] C．Truesdell, Essays in the History of Mechanics, Springer, New York, 1968.
[34] J．デュドンネ編（上野健爾、金子晃、浪川幸彦、森田康夫、山下純一訳）数学史 1700-1900 I, II, III 岩波書店　一九八五年
[35] 冨田哲男　設計の理論（現代工学の基礎）岩波書店　二〇〇二年
[36] P．F．ドラッカー（上田惇生訳）明日を支配するもの　21 世紀のマネジメント革命　ダイヤモンド社　一九九九年

[37] 東洋経済 On line 二〇一五年〇二月一六日版

[38] 戸部良一、寺本義也、鎌田伸一、杉之尾孝生、失敗の本質 ―日本軍の組織論的研究 中公文庫 一九九一年

[39] 二宮忠八小伝 飛行神社 二〇〇二年

[40] 野口悠紀雄 日本式モノづくりの敗戦 ―なぜ米中企業に勝てなくなったのか 東洋経済新報社 二〇一二年

[41] 野家啓一 パラダイムとは何かクーンの科学史革命 講談社学術文庫 二〇〇八年

[42] V. Heffernan, Education Needs a Digital-Age Upgrade New York Times, August 7, 2011 5:30 pm

[43] 藤宗寛治 電気にかけた生涯：ギルバートからマクスウェルまで ちくま学芸文庫 二〇一四年

[44] E．フッサール（細谷恒夫、木田元訳）ヨーロッパ諸学の危機と超越論的現象学 中央公論社 一九九五年

[45] E. Husserl (D. Willard 訳) Philosophy of Arithmetic:Psychological and Logical Investigations with Supplementary Texts from 1887 - 1901 (Husserliana:Edmund Husserl-Collected Works) ,Springer, 2003

[46] C.B.Frey and M. A.Osborne, The future of employment: how susceptible are jobs to computerisation 2013.

[47] N．ブルバキ（村田全、清水達雄、杉浦光夫訳）ブルバキ数学史 上、下 ちくま学芸文庫 二〇〇六

年
[48] E. T. ベル（田中勇、銀林浩訳）数学をつくった人びと〈2〉ハヤカワ文庫　二〇〇三年
[49] 細谷功　地頭力を鍛える　問題解決に活かす「フェルミ推定」東洋経済新報社　二〇〇七年
[50] C. B. Frey and M. A. Osborne, The future of employment: how susceptible are jobs to comput-erisation 2013.
[51] F. A. ハイエク（田中真晴、田中秀夫訳）市場・知識・自由　―自由主義の経済思想―　ミネルヴァ書房　1986年
[52] P. K. ファイヤアーベント（村上 陽一郎，渡辺 博訳）方法への挑戦 ―科学的創造と知のアナーキズム 新曜社　一九八一年
[53] 松谷茂樹　エラスティカを巡る数理～ベルヌイ、オイラーから現代まで～、応用数理 13（2003）48-60
[54] 松谷茂樹　線型代数周遊　―応用をめざして―　現代数学社　二〇一三年
[55] S. Matsutani, Hierarchical lattice generating method, apparatus, and storage device storing a program thereof, U.S.P: 6,995,766 (2002).
[56] S. Matsutani, Information processing method and apparatus, U.S.P: 7,068,821, (2002).
[57] S. Matsutani, Y. Shimosako *On homogenized conductivity and fractal structure in a high contrast continuum percolation model* Appl. Math. Modelling **39** (2015) 7227-7243.

[58] S. Matsutani, K. Nakano, K. Shinjo, *Surface tension of multi-phase flow with multiple junctions governed by the variational principle*, Math. Phys. Analy. Geom. 14 (2011) 237-278.
[59] 松村昌家　大英帝国博覧会の歴史：ロンドン・マンチェスター二都物語　ミネルヴァ書房　二〇一四年
[60] D.Mumford, The drawing of the age of stochasticity in Mathematics: Frontiers and Perspectives, AMS, 2000.
[61] 村上純　インターネット新世代　岩波新書　二〇一〇年
[62] 村上春樹　雑文集　新潮文庫　二〇一五年
[63] 村上陽一郎　科学の現在を問う　講談社新書　二〇〇〇年
[64] 村上陽一郎　近代科学と聖俗革命　新曜社　一九七六年
[65] M.S.マホーニィ（佐々木力訳）歴史の中の数学　ちくま学芸文庫　二〇〇七年
[66] 三澤一文　技術マネジメント入門　日経文庫　二〇〇七年
[67] 三輪修三　工学の歴史─機械工学を中心に　ちくま学芸文庫　二〇一二年
[68] 森山優　日本はなぜ開戦に踏み切ったか「両論併記」と「非決定」　新潮選書　二〇一二年
[69] ものづくり白書　二〇一五年　経産省
[70] ものづくり白書　二〇一六年　経産省
[71] 山本義隆　古典力学の形成─ニュートンからラグランジュへ　日本評論社　一九九七年

[72] 山本義隆　熱学思想の史的展開〈1，2，3〉熱とエントロピー　ちくま学芸文庫　二〇〇八年
[73] 八木雄二　天使はなぜ堕落するのか―中世哲学の興亡 春秋社　二〇〇九年
[74] 吉田光邦　万国博覧会―技術文明史的に（ＮＨＫブックス（477））　一九八五年
[75] 吉村昭　虹の翼　文春文庫　一九八三年
[76] 吉川弘之「一般設計学序説」精密機械 45 (8) 20-26, 1979,「一般設計過程」精密機械 47 (4) 19-24, 1981.
[77] 湯之上隆　日本型モノづくりの敗北　零戦・半導体・テレビ　文藝春秋　二〇一三年
[78] C.レヴィ・ストロース（大橋保夫編，三好郁朗訳）構造・神話・労働―クロード・レヴィ＝ストロース日本講演集　みすず書房　一九七九年
[79] C. W. Wampler, Charles, A.J. Sommese, Numerical algebraic geometry and algebraic kinematics, Acta Numerica 2011 (2011) 469-567.
[80] H. ワイル（菅原正夫、下村寅太郎、森繁雄訳）数学と自然科学の哲学　岩波書店　一九五九年
[81] H. ワイル（内山龍雄訳）空間・時間・物質 上　ちくま文芸文庫　二〇〇七年
[82] Cornell University, INSEAD and WIPO The Global Innovation Index 2016, WIPO, 2016

あとがき

本書を書き下ろしで書くことの提案を、現代数学社の富田淳氏より受けたのは二〇一五年の九月でした。本文でも触れたように、その年の春に縁も所縁もない佐世保に移ってきたばかりでした。高専の業務は想像を遥かに超えて忙しく、一般企業と全く異なる文化には容易く慣れることもなく、このタイミングでの執筆は無理なのでは、とも考えました。が、その一方、とてもよい機会とも感じました。キヤノンを辞すると決意した時から「日本の製造業の危機を数学によってなんとかできるのではないか」、「それを喧伝するのが、現場の数学と純粋数学の両方を知った私の使命ではないか」と考えていました。それは風車に挑むドン・キホーテのような試みなのかもしれませんが、その実現に近づくためにも喜んで引き受けることにしました。二〇一五年の十二月に京都であった研究会の際に、幾つかの案を富田氏にご相談させて頂き、方針を決め、取り掛かりました。

とはいえ、執筆に割く時間は全く無く、困難な作業となりました。本業の隙間の時間を作って、部分、部分を書き、張り合わせ、それを家内に読んでもらい、時には口述筆記、修正やグラフの作成も手伝ってもらい、なんとか完成に漕ぎつけました。

本書で書いたように、時間はやりくりして作るものです。企業のマネージメントで重要となる率先垂範です。更に、不思議なもので、困ったときにはサポートして下さる方と巡り合うものです。

キヤノンの元同僚、部下からは様々な形で励ましを頂きましたし、濵田裕康さんはじめ佐世保高専の先生方にも様々なご配慮を頂きました。佐伯修先生はじめ九州大学のマス・フォア・インダストリ研究所の先生方からは新たなプロジェクトを通して、また名古屋大学の大沢健夫先生からは多変数関数論を通して、数学の面白さと力強さを再確認させて頂きました。授業での学生への説明や学生からの質問からは、陽に陰によい影響を受けました。小山高専の佐藤巌先生、関西大学の濱本久二雄先生、神奈川工科大学の米田二良先生には様々なご相談に乗って頂き、佐世保高専の堀江潔先生には長崎の歴史、長崎の特産であるべっ甲細工の歴史について等、色々教えて頂きました。また、岩井史生さんには構想時から原稿を丁寧に読んで頂き、意見や訂正箇所を提示して頂きました。佐世保高専の学生の岡澤一樹君は原稿の校正を手伝ってくれました。このように皆さまのお陰で苦労は多かったにも関わらず、楽しく執筆ができました。

本書の内容は長年、月一回の会合で議論し、様々な書物を教えてくださった及川克哉さんと、二十六年にわたってご指導して頂いた横浜国立大の玉野研一先生をはじめとするコラム6でお名前を挙げさせて頂いた方々、特に大西良博さん、横国大セミナーでのメンバー（今野紀雄先生、三橋秀生さん、井手勇介さん）からの影響が大きいものです。また富田淳氏には、提案から脱稿後も忙しい中、無理な注文にもご対応を頂きました。すべての方のお名前をここに挙げることは控えさせて頂きますが、実に様々な方々のご協力により、本書を世に送り出すことができました。ここに深く感謝をいたします。

二〇一七年一月　佐世保にて

著者紹介：

松谷茂樹（まつたに・しげき）

1988 年　静岡大学大学院理学研究科修士課程（素粒子論）修了
1988 年　キヤノン（株）入社
1995 年　東京都立大学　博士（理学、素粒子論、論文博士）
2004 年　キヤノン（株）解析技術開発センター　数理工学第三研究室 室長
2014 年　キヤノン（株）解析技術開発センター　数理工学研究部 部長
2015 年　佐世保工業高等専門学校　産業数理　教授
2015 年　九州大学マス・フォア・インダストリ研究所　客員教授
専 門：　数値解析、数理物理、曲線論、産業数理
著 書：　線型代数学周遊――応用をめざして　現代数学社，2013 年

ものづくりの数学のすすめ
――技術革新をリードする現代数学活用法

2017 年 3 月 20 日　初版 1 刷発行

著　　者　松谷茂樹
発 行 者　富田　淳
発 行 所　株式会社　現代数学社
〒606-8425 京都市左京区鹿ヶ谷西寺ノ前町 1
TEL 075 (751) 0727　FAX 075 (744) 0906
http://www.gensu.co.jp/

さ し 絵　二宮暁，松谷茂樹
装　　丁　Espace ／ espace3@me.com
印刷・製本　有限会社ニシダ印刷製本

ISBN978-4-7687-0464-6